Schriften des Verbandes Deutscher Diplom-Ingenieure XII.

Die praktische Werkstattausbildung

der Studierenden an Technischen Hochschulen unter besonderer Berücksichtigung der

Diplom-Ingenieure

Ergebnisse
einer vom Verband Deutscher Diplom-Ingenieure veranlaßten Rundfrage bearbeitet von

Dipl.-Ing. Ernst Werner, Berlin

Mit einem kritischen Vorwort versehen von

Prof. Dr.-Ing. G. Schlesinger, Berlin

BERLIN W.
Verlag von M. Krayn
1914

Rosenthal & Co., Berlin NW., Alt Moabit 105.

Vorbemerkungen.

Im vorigen Jahr haben die technische Welt zwei wichtige Fragen bewegt: Die praktische Werkstatt-Ausbildung der Studierenden an Technischen Hochschulen und die Weiterausgestaltung der Technischen Hochschulen. Mit beiden Fragen hat sich der Verband Deutscher Diplom-Ingenieure beschäftigt.

Die vorliegende Veröffentlichung *behandelt die praktische* Werkstattausbildung der Studierenden *an Technischen Hochschulen* unter besonderer Berücksichtigung zukünftiger Diplom-Ingenieure.

Das Material ist auf Grund einer vom Verband Deutscher Diplom-Ingenieure aufgestellten Rundfrage systematisch zusammengestellt worden und zwar nicht nur in statistischer Hinsicht, vielmehr sind in geeigneten Fällen die eingehenderen Begründungen bekannt gegeben worden, die für die Beantwortung der einzelnen Fragen maßgebend waren. Die Ergebnisse einer Rundfrage sind nicht allein darin erschöpft, daß man die zustimmenden und ablehnenden Antworten zahlenmäßig gegenüberstellt, der Wert und eigentliche Kern der verschiedenlichen Äußerungen liegt in den zugehörigen Begründungen.

Wie die vorliegende Veröffentlichung zeigt, ist in recht vielen Fällen Veranlassung genommen worden, in ausführlicher Weise zu den einzelnen Fragen Stellung zu nehmen. Ohne Rücksicht auf meinen persönlichen Standpunkt habe ich die entgegenstehendsten Ansichten bekannt gegeben, weil ich der Auffassung war, daß es jedem Leser, der mittelbar oder unmittelbar die Ergebnisse studiert, von erheblicher Bedeutung sein wird, die verschiedensten Meinungen zu hören, um auf diese Weise seine Maßnahmen einrichten zu können.

Die praktische Werkstattausbildung — darüber besteht kein Zweifel — ist nicht nur für den Vater oder Erzieher eines angehenden Hochschulstudenten und für den letzteren selbst von erheblicher Bedeutung, auch für die Maschinenfabriken, die sich zu Zwecken der praktischen Werkstattausbildung bereit zeigen, sind die hier behandelten Fragen von ausschlaggebender Wichtigkeit. Je zielbewußter mit Hilfe der Maschinenfabriken die praktische Ausbildung zukünftiger Diplom-Ingenieure ausgestaltet wird, um so größer wird die Möglichkeit, der Industrie mit praktischem Verständnis geschulte, brauchbare Konstrukteure, Betriebsingenieure und leitende Persönlichkeiten zu überweisen.

Es ist von verschiedenen Seiten mit allem Nachdruck darauf hingewiesen worden, daß — nachdem man bislang die ganze Aufmerksamkeit auf den Wert erstklassiger Maschinen gelenkt hat — unbedingt nebenher laufend das Augenmerk auf den gesamten Arbeiter- und Beamtenapparat zu richten ist. Diese Aufgabe kann aber nur zur Zufriedenheit gelöst werden, wenn von allen dazu berufenen Persönlichkeiten größtes Verständnis gegenüber praktisch-sozialen und praktisch-wirtschaftlichen Fragen entgegengebracht wird. Aus vielen Äußerungen, die in dieser Abhandlung veröffentlicht sind, wird neben der rein praktischen Ausbildung ausdrücklich darauf hingewiesen, daß der Praktikant sich bemühen muß, aus der ganzen Umgebung, in die er auf längere Zeit hinein versetzt wird, den großen Zusammenhang und den tieferen Zweck der auf Wirtschaftlichkeit gerichteten Arbeit zu verstehen.

Die vorliegenden Ergebnisse der Rundfrage legen davon Zeugnis ab, daß der Kreis, dem die einzelnen Fragen zur Beantwortung vorgelegt worden sind, mit Ernst und Verständnis die Gelegenheit ergriffen hat, beachtenswerte Beiträge zur Förderung einer möglichst brauchbaren Ausgestaltung der praktischen Werkstattausbildung beizusteuern. Es sind vielerlei Winke und Gedankengänge, die der Beachtung wert sind. Was aber den veröffentlichten Äußerungen einen ganz besonderen Wert verleiht, das ist in erster Linie das Moment, daß die Antworten und Äußerungen von einem auf gleicher Ausbildungsstufe stehenden und gleiche Ziele verfolgenden Interessenkreis stammen. Für jede Statistik, aus der man folgerichtige Schlüsse ziehen will, ist es ein grundlegendes Erfordernis, daß sich sämtliche wichtigen Momente auf einer einheitlichen Grundlage aufbauen. Je einheitlicher somit der Kreis der Befragten ist, um so brauchbarer ist das auf einer derartigen Basis gewonnene Material. Daß für den Techniker, der keine akademische Ausbildung genossen und daß für den Ingenieur, der sich keiner Abschlußprüfung unterzogen hat, die vorgelegten Fragen ebenfalls von Bedeutung sind, ist ohne Zweifel, man kann aber die darauf abgegebenen Antworten nur als Äußerungen von einzelnen Personen betrachten und man wird solche Äußerungen, sofern sie von erfahrenen und weitblickenden Persönlichkeiten kommen, auch gern beachten.

Der vom Verband Deutscher Diplom-Ingenieure herausgegebene Fragebogen lautete wie folgt:

I. Im allgemeinen ist eine praktische Ausbildung durchgeführt für die folgenden Abteilungen der mechanischen Industrie:

a) Maschinenbau, c) Elektrotechnik,
b) Schiff- u. Schiffsmaschinenbau, d) Berg- u. Hüttenwesen.

Halten Sie es auch für eine der anderen Fachrichtungen wünschenswert und welche Wünsche würden Sie haben für:

a) Architekten, b) Bauingenieure, c) Chemiker.

II. Es ist allgemein anerkannt, daß zum erfolgreichen Studium an einer technischen Hochschule und zur vollen Ausfüllung des technischen Berufes es notwendig ist, eine praktische Tätigkeit auszuüben.

Ist diese Zeit — 1 Jahr — ausreichend?

III. Von der praktischen Tätigkeit wird verlangt, das Wesen des Fabrikbetriebes kennen zu lernen, also der Arbeitsvorgänge und der dieselben ausübenden Beamten und Arbeiter.

a) Wie soll dieses Jahr verteilt sein?
b) Wie soll während dieses Jahres die Ausbildung vor sich gehen?

IV. Wenn die praktische Arbeitszeit vorangeht, so wird das Verständnis für den Hochschulunterricht erleichtert. Geht das Studium der praktischen Arbeitszeit voran, so erleichtert dieses die kritische Beurteilung der Arbeitsvorgänge. Eine Verteilung der praktischen Tätigkeit in der Zeit vor dem Studium oder während des Studiums ist von verschiedenen Seiten befürwortet worden.

Wann soll die praktische Tätigkeit erfolgen?
a) vor dem Studium? b) während des Studiums? c) geteilt?

V. Zur Ausbildung im technischen Zeichnen und in technischen Fächern wird vielfach von Praktikanten während ihrer praktischen Ausbildung eine Fortbildungsschule oder Werkschule (zur Ausbildung von Lehrlingen) besucht.

Was halten Sie hiervon?

VI. Eine Zahlung an die Firma schließt auch einen Anspruch an sie ein, eine Bezahlung durch die Firma gibt letzterer die Möglichkeit, den Praktikanten zu entfernen.

Was ist wünschenswert?

VII. Bei gleichem Zeitaufwand lernt man in kleineren Betrieben weniger Abteilungen, aber diese intensiver, in Großbetrieben mehr Abteilungen, aber diese nicht so intensiv kennen.

Welche Ausbildung halten Sie für wünschenswert?

VIII. Welche Erfahrungen haben Sie mit Ihrer eigenen Tätigkeit gemacht?

Wo und in welchem Jahre?

(Es wird gebeten, diese Fragen bezüglich der Dauer, Zeiteinteilung, Ausbildungsort, technische Vorkenntnisse, Großbetrieb oder Kleinbetrieb etc. recht ausführlich zu beantworten.)

Mit Rücksicht darauf, daß für die Studierenden des Maschinenbaues, des Schiff- und Schiffsmaschinenbaues, der Elektrotechnik und des Berg- und Hüttenwesens für die Abschlußprüfung eine praktische Werkstattausbildung verlangt wird, während für Bauingenieure, Architekten und Chemiker eine solche nicht erforderlich ist, sind die beantworteten Frageboden derart getrennt worden, daß die Antworten Angehöriger derjenigen Fakultäten, bei denen eine praktische Werkstattausbildung erforderlich, zusammenfassend bearbeitet worden sind. In besonderen Kapiteln sind dann die Antworten der Bauingenieure, der Architekten und Chemiker behandelt worden und schließlich reihen sich hieran die von Bezirksvereinen eingegangenen Berichte.

Die zu den einzelnen Fragen zugehörigen, die jeweilige Stellungnahme begründenden Äußerungen sind mit Kenn-Nummern versehen worden und zwar trägt jede Äußerung eines und desselben Beantworters zu den acht verschiedenen Fragen stets die gleiche Nummer. Interessiert sich der Leser auf Grund einer ihm besonders erscheinenden Äußerung zu einer Frage für die Äußerungen desselben Herrn zu den übrigen Fragen, so sind diese Ausführungen unter denselben Kenn-Nummern, sofern sie aufgenommen worden sind, an zugehöriger Stelle zu finden. Bei jeder einzelnen Frage sind die Antworten nicht nach laufender Nummer geordnet, sondern es sind die nach gleicher Richtung hin abgegebenen Äußerungen gruppenweise zusammengestellt worden. Zu bemerken ist ferner, daß aus den beantworteten Fragebogen Äußerungen nur dann zum Zwecke der Wiedergabe aufgenommen worden sind, wenn durch sie nach Ansicht des Bearbeiters ein besonders bemerkenswerter Gedankengang — ohne Rücksicht darauf, ob er sich mit der persönlichen Auffassung des Referenten deckte — zum Ausdruck gebracht wurde. Es sind deswegen auch nicht bei jeder einzelnen Frage dieselben Kenn-Nummern vorhanden.

Dipl.-Ing. Ernst Werner.

Kritisches Vorwort.

Die praktische Werkstattausbildung ist die Grundlage für die technische Erziehung des Ingenieurs. Je mehr Zeit er auf die praktische Tätigkeit legen kann, um so leichter und um so wirkungsvoller wird das an sie anschließende oder mit ihr untermischte theoretische Studium sein. Für den Diplom-Ingenieur, der mit etwa 18 Jahren die Mittelschule (Oberrealschule, Realgymnasium, Gymnasium) verläßt, kann sie mit Rücksicht auf das 4 jährige Studium nur kurz bemessen sein; ein Jahr muß für die weitaus meisten Fälle ausreichen; (1 praktisches Jahr, 1 Militärjahr, 4 Jahre Studium, ¼ Jahr Diplomprüfung = 6¼ Jahre; d. h. 24—25 Jahre alt, bevor der Diplom-Ingenieur fertig sein kann). Es kommt daher darauf an, dieses wichtige grundlegende Jahr so fruchtbar wie irgend möglich zu gestalten und die Erfahrungen aller, die aktiv und passiv dabei beteiligt sind, zu sammeln, zu sichten und dann die nutzbringenden Richtlinien aufzustellen, an deren Durchführung die Industrie als Erzieherin, der Praktikant als zu Erziehender und die Technische Hochschule als Stätte der Durcharbeitung und Vertiefung des erworbenen Stoffes gleichmäßig mitwirken.

Je mehr Männer gleicher oder ähnlicher Vor- und Ausbildung sich zu solchen Fragen äußern, die sämtlich als Praktikanten selbst gearbeitet, von denen ein erheblicher Teil dann später Praktikanten ausbildet und endlich — allerdings in geringer Zahl — als Lehrer an einer Technischen Hochschule gewirkt haben, um so sicherer wird man auch aus weit auseinandergehenden Anschauungen ein Ergebnis herausfinden, das naturgemäß nicht alle befriedigen kann, das aber doch das Optimum dessen vorstellt, was bei einer solchen Umfrage herauskommen kann. Der Verband Deutscher Diplom-Ingenieure hat mich gebeten, eine kritische Übersicht über das unter seinen Mitgliedern gesammelte, reiche Material zu geben, um auf diese Weise denen die Einarbeit in die wichtigste Erziehungsfrage für den Diplom-Ingenieur zu erleichtern, die sie bisher nur von einem durch besondere Umstände beengten Gesichtskreise haben betrachten können.

Als Maschineningenieur sind meine Erfahrungen naturgemäß einseitig auf das Maschinenbaufach beschränkt. Die Kritik, die ich übe, kann nur als die persönliche Auffassung eines einzelnen gelten; vielleicht trägt sie dennoch dazu bei, bei den drei beteiligten Faktoren ein Zusammenwirken hervorzurufen, das für die Allgemeinheit nutzbar gemacht werden kann.

Jede Schulung, erfolge sie nun auf einer Mittelschule, auf einer Hochschule oder in einer Werkstatt, muß sich auf einem bestimmten Plan aufbauen, der sich nicht nach den Hochbegabten, auch nicht den besonders Unbegabten, sondern immer nur nach dem Durchschnitt der Menschen, die auszubilden sind, richten kann. Man muß es mit in den Kauf nehmen, daß Begabte in ihrer Entwicklung gehemmt werden, wenn nur das Maß dessen, was man zu lehren und zu lernen hat, so ausgestaltet ist, daß es eine breite allgemeine Unterlage gibt für alle, die später darauf aufbauend ihre Berufsbildung vornehmen müssen.

Der Eintritt in die schaffende Werkstatt bricht aber in allen Fällen so gründlich und so durchgreifend mit der in den vorangegangenen 12 Jahren Schultätigkeit meistens geübten Lehrmethode, daß bei nur einigermaßen zweckmäßiger Anleitung und Aufklärung der Praktikanten durch die verantwortlichen Betriebsleiter ein sehr großer Wirkungsgrad erzielt werden kann, der nicht zuletzt dem Betriebe selbst wieder zugute kommt.

Eine schwere Verantwortung fällt auf den, der hier seine Unterweisungspflicht vernachlässigt. Er begeht ein großes Unrecht nicht nur an dem einzelnen Menschen, der zu kurz kommt, sondern er schädigt in jedem einzelnen das gesamte Guthaben seines Volkes. Er vermindert die Stoßkraft der heimischen Industrie auf dem friedlichen Kampfplatze der Völker, auf dem Weltmarkte.

Wie eine bewegliche Klage tönt es wieder und wieder aus dem Antwortenmaterial: Man ließ uns herumstehen; man ließ uns machen, was wir wollten; man hat sich nicht um uns gekümmert, ja in einzelnen Fällen: man betrachtete uns als eine Last, eine Störung, mit der man sich wohl oder übel abfinden mußte (S. 25, 5; S. 64 ff. Antworten zu Frage VI; S. 73 ff. Antworten zu Frage VII, besonders zu Frage VIII, S. 77 ff.).

Bevor zu den einzelnen Fragen Stellung genommen wird, soll die formale Seite der praktischen Dienstzeit kurz besprochen werden.

Die Ausnutzungsmöglichkeit des praktischen Jahres ist von vornherein gebunden an den zeitlichen, äußeren Zusammenhang zwischen Mittelschule und Hochschule, der in den deutschen Bundesstaaten leider nicht einheitlich durchgearbeitet ist, trotz der Vereinigung beider Unterrichtsanstalten unter dem jeweiligen Unterrichtsministerium. Die Hochschulen haben Jahreskurse, die durchweg im Oktober beginnen, die Mittelschulen enden ihre Jahreskurse meistens im April. Dadurch wird die Ausübung des praktischen Jahres in einem Zuge von vornherein zeitlich für alle Osterabiturienten unmöglich gemacht. Sie müssen ihre praktische Lehrzeit in zwei oder mehr Teile zerteilen, und die Industrie muß dem Rechnung tragen. Die Oktoberabiturienten dagegen sind wiederum zur einjährigen Durcharbeit in der Werkstatt gezwungen.

Die wahlweise Durchführung der Werkstättentätigkeit in halbjährigen oder ganzjährigen Kursen wäre nur möglich bei Einrichtung von Parallelkursen an den Hochschulen, von denen einer im Oktober und der andere zu Ostern beginnt, ein Wunsch, der an den außerordentlichen Kosten und Unterrichtsschwierigkeiten, insbesondere in den Laboratorien und Versuchsfeldern wohl für alle Zeiten scheitern wird. Immerhin zwingt dieser Mangel an einheitlicher Durcharbeit des technischen Unterrichtsaufbaus zu Abweichungen von dem vielleicht als zweckmäßigst erkannten Ausbildungswege, ein Mangel, der nur durch Zusammenarbeit mit den Ministerien beseitigt werden kann. Eine verhältnismäßig geringe Rolle spielt diese Frage für Architekten, Bauingenieure und Chemiker, die wahrscheinlich mit geringerer Zeit als einem Jahre auskommen (Frage I), für die es sich daher empfehlen wird, die Mittelschule zu Ostern zu verlassen. Insbesondere haben dann Architekten und Bauingenieure die Zeit regster Hoch- und Tiefbautätigkeit vor sich; sie werden daher auch leicht Gelegenheit zu geeigneter praktischer Tätigkeit finden.

Ein Arbeitsnachweis an den Hochschulen, in den Industriezentren, in den großen Fachvereinen wird den Praktikanten aller Berufe sehr willkommen sein.

Wir kommen nun zu den beiden Hauptfragen:

Frage II: Ist ein Jahr Werkstattausbildung ausreichend?

Frage III a: Wie soll das Jahr verteilt werden?

Frage III b: Wie soll die Ausbildung in diesem Jahre vor sich gehen?

Zu Frage II: Ein Jahr praktischer Ausbildung muß mit Rücksicht auf das Alter des auszubildenden Mannes ausreichend sein, weil die Kosten der Ausbildung zu hoch, der Nachwuchs zu alt und daher nicht mehr wettbewerbsfähig mit andern Nationen wird, welche die Schulmeisterei früher abschließen und möglichst schnell durch die unersetzliche Schule des Lebens zu ersetzen suchen.

Mit Recht heben daher die Mehrzahl der Antworten (S. 21 ff.) hervor, daß es eben darauf ankommt, die gegebene Zeitspanne eines Jahres voll auszunutzen.

Zu Frage III a und b. Bei der Beantwortung dieser Frage spielen persönliche Erfahrungen aus der eigenen Ausbildungszeit naturgemäß eine ausschlaggebende Rolle.

Sicher ist, daß die praktische Lehrzeit zwei Ziele umfaßt:

1. das Kennenlernen der gebräuchlichen, möglichst der besten Arbeitsverfahren,

2. eine Übersicht über das Zusammenarbeiten der im Betriebe tätigen Menschen.

Niemand, — auch nicht der handgeschickteste und gleichzeitig *intelligenteste Jüngling — ist fähig in einem Jahre vollendet feilen, drehen, hobeln, fräsen, formen usw. zu lernen.* Daher wird mit Recht auf die Unvernunft hingewiesen, die sich im Stellen der bekannten Erstlings-Aufgabe: „Das Feilen eines Würfels" zeigt. Sie bedeutet die alte Volontärschule, die glücklicherweise abstirbt. Man stelle dem Praktikanten keine Aufgaben, die er unmöglich lösen kann, und die an sich zwecklos sind, weil sie niemand mehr in der verlangten Weise löst.

Es gilt also nicht dem Erlangen von Handfertigkeiten, sondern dem Kennenlernen möglichst guter und möglichst vielseitiger Arbeitsverfahren. Damit muß mindestens das erste halbe Jahr voll ausgefüllt sein und zwar am besten so, daß der Praktikant zuerst immer den Verwendungszweck des Teiles im Zusammenhang mit dem Ganzen, dann erst das einzelne Element für sich kennen lernt.

Die Kenntnis der Arbeitsverfahren ist die Grundlage für das Verständnis der technologischen Vorlesungen an der Hochschule, die der Student mitbringen muß, sonst geht ihm ein wesentlicher Teil des Unterrichts verloren. Daher ist dieser erste praktische Kursus vor dem Studium so wichtig.

Pädagogisch halte ich folgende Arbeitsfolge für sehr zweckmäßig:

1. Kurze Tätigkeit, gewissermaßen zur Information in der Kleinmontage unter der Obhut des Meisters, der verpflichtet sein soll, die „Warums" zu erklären;

2. Gründliche Ausbildung in der Gießerei, Formerei, Kernmacherei, Putzerei. Man muß erst wissen, wie das Modell eingeformt und wie der Kern entfernt wird, ehe man ein zweckmäßiges und richtiges Modell herstellen kann;

3. Tischlerei;
4. Mechanische Werkstätten und Schmiede;
5. Längere Zeit in der Montage.

Wenn man gefragt wird, welche Werkstätten wegbleiben können, so fällt einem die Antwort sehr schwer; für mich steht jedenfalls fest, daß gründliche Gießerei- und Tischlerei-Kenntnisse in erster Linie für jeden Konstrukteur unerläßlich sind. Die reine Tatsachenarbeit in der Gießerei und die reine Uebung der Vorstellungskraft auf Grund einer noch unausgeführten Zeichnung in der Tischlerei stellen die beiden Hauptprobleme des Maschinenbaues: S i n n e n und S c h a f f e n am schlagendsten gegeneinander (vergl. S. 30, 18; 33, 23).

Für die anderen Berufszweige wird eine entsprechende Gliederung unschwer zu finden sein (vergl. S. *27, 14*; *40, 47*; *42, 49*; *42*, 50/51).

Hand in Hand geht das Einleben in die Fabrikordnung, das Erfassen des Wesens der Disziplin, des Geldwertes der Arbeit, das vielstündige Stehen und Verharren an gebundener Stelle. Allein diese Gesichtspunkte bringen mich zur Überzeugung, daß eine schlechte praktische Tätigkeit immer noch besser ist als gar keine.

Ein Einblick in die Organisation, Lohnmethoden, Arbeiterversicherung, Termin-, Mahn- und Rechnungswesen und ähnl. ist sehr wünschenswert, aber ohne sachverständige Einführung und Unterweisung unmöglich. Da nur leitende Persönlichkeiten in einer Fabrik die nötige volle Übersicht über derlei Dinge haben, aber gewöhnlich zu beschäftigt sind, um selbst Unterricht darin zu erteilen, so sind die Praktikanten meist auf das angewiesen, was sie zufällig oder bei Wissensdurst auf Nachfrage hin erfahren. Hier liegt also noch ein besonders wichtiges und fruchtbares Betätigungsgebiet, das zurzeit nur in sehr wenigen deutschen Fabriken zweckentsprechend beackert wird.

Die Hochschulen suchen denn auch die fühlbare Lücke durch die Vorlesungen über Fabrikbetrieb zu füllen. Man vergesse aber nicht, daß die ganze politische und wirtschaftliche Denkungsart des heranwachsenden Ingenieurs durch wirksame *Einwirkung in diesen* Jugendjahren stark beeinflußt werden kann.

Zu F r a g e IV: W a n n s o l l d i e p r a k t i s c h e T ä t i g k e i t e r f o l g e n ?

Jede technische Ausbildung ist ein Kreislauf, der sich aus theoretischen und praktischen Kenntnissen und Erfahrungen zusammensetzt, dessen Ende man daher kennen muß, wenn man den Anfang verstehen will, aber auch umgekehrt. Aus dieser Tatsache entspringen die zum Teil entgegengesetzt lautenden Ansichten über die Verteilung des praktischen Jahres, ob vor, hinter oder zwischen die Studienzeit.

Man muß wissen, daß und wie man Metalle schneiden und formen kann (Werkstatt), bevor man ihre Art bestimmen und ihre Größe berechnen kann (Hochschule).

Man muß andererseits Art und Größenbemessungen festgelegt haben, bevor man die zweckmäßigste Bearbeitung angeben kann. Aus diesem Grunde halte ich den wechselnden Ausbildungsgang: Werkstatt — Hochschule — Werkstatt — Hochschule für den anzustrebenden, d. h. der junge Ingenieur soll erst in die Werkstatt gehen (½ Jahr), weil ihm von der Schule her das rein geistige (abstrakte) *Denken zur Gewohnheit geworden ist und, weil ihm in den meisten Fällen jede Anschauung fehlt* (vergl. Antworten S. 44, Nr. 12 und 49). Die Werkstatt aber ist die Welt der Anschauung; sie zwingt den jungen Mann, sich aus den gegebenen Tatsachen ein Bild über die inneren Vorgänge zu machen, eine Geistestätigkeit, die auf der Schule gar nicht oder doch nur in ganz geringem Maße geübt wird. Nur wer weiß, wie Metalle, Hölzer usw. geformt werden, kann der Vorlesung des Lehrers über Maschinenelemente, Maschinenzeichnen folgen. Man erinnere sich an seine eigene Jugend und den Augenblick, wo man zum ersten Male gesehen hat, wie eine Welle abgedreht wird, man erinnere sich an die erste Vorlesung, in der einem gezeigt wurde, wie man einen Eisenstab, an dem eine Last zieht, auf Grund der Materialprüfungszahlen ziffernmäßig vorher berechnen kann, und an das Erstaunen und die blitzartige Aufklärung, die diese Vorgänge auf das jugendliche Hirn ausgeübt haben.

Also nicht aus Gründen der Erholung, die aus dem Wechsel der körperlichen und geistigen Tätigkeit entspringen, sondern aus dem pädagogisch so wertvollen Grunde der Wechselbefruchtung zwischen schaffender und sinnender Tätigkeit empfehle ich die Hintereinanderschaltung von Werkstatt und Hochschule in zwei Kursen, von denen der erste den zweiten und umgekehrt der zweite den ersten erst voll fruchtbar macht. Wie auf die Vorlesung im Hörsaal die Übung im Versuchsfeld folgt, so soll die Werkstatt den Vergleich zwischen der konstruktiven Tätigkeit am Zeichen-Brett und der Möglichkeit einer tatsächlichen Ausführung vermitteln.

Ich glaube, diese Anschauung gilt in gleicher Weise für Architekten, Bauingenieure, Maschinen- und Schiffbauer, in einer der Eigenart des Berufes angepaßten Weise.

Daß es für die Industrie, insbesondere für die Maschinenfabriken, lästiger und schwieriger ist, die Ausbildungszeit zu teilen, statt sie in einem Zuge zu erledigen, muß anerkannt werden, jedoch ist eine Lösung der Aufgabe wohl möglich; sie wird daher kaum auf Schwierigkeiten stoßen, wenn man überhaupt die oben skizzierte Auffassung als richtig anerkennen will.

Zu Frage V: Was halten Sie von dem Besuche einer Fortbildungs- oder Werkschule?

Für die Absolventen der humanistischen zum Teil auch der Real-Gymnasien ist ein Unterricht im technischen Zeichnen verknüpft mit den Grundrissen der mechanischen Technologie nicht nur zu empfehlen, sondern für eine fruchtbringende Ausnützung des praktischen Jahres nahezu unerläßlich; aber auch die Oberrealschüler können hier noch sehr viel lernen. Das Lesen der Zeichnungen, die Kenntnis der Materialien und die Behandlung der Werkzeuge sind doch erst die Schlüssel zur Werkstatt. Von selbst oder mit Hilfe des Vorarbeiters kommt man nur sehr langsam zum Ziel. Ich kann daher die Zuschriften auf S. 56, Nr. 5, 7, 17, 43, 3; S. 57, Nr. 2, 20, 32; S. 58, Nr. 72, 70, 68; S. 59, Nr. 67, 54 nur voll unterschreiben, soweit sie auf eine sorgfältig geleitete Werkschule einer Fabrik Bezug nehmen, die den Unterricht in den frühen Morgenstunden oder an einem oder zwei Schultagen erteilt und sich naturgemäß auf die genannten technischen Fächer beschränkt.

Ich kann aus eigener mehrjähriger Tätigkeit als früherer Leiter der Werkschule von Ludwig Loewe, Berlin, mitteilen, daß die Erfolge dieser Vorbildung sehr gute waren, so gute, daß diese Praktikanten den Hochschullehrer geradezu durch ihr schnelles Verständnis auffielen, so daß also auch der Wirkungsgrad der Hochschule dadurch wächst. Den Standpunkt des künftigen Akademikers zur Zeit der grünsten Lehrzeit hervorzukehren, scheint mir jedenfalls völlig verfehlt.

In der Lehre der Werkstatt möge man die Berührung mit der Arbeiterschaft — sie sei jung oder alt — überall suchen, später wachsen die Trennwände schnell genug von selbst in die Höhe.

An dieser Stelle sei noch einmal auf Frage III b zurückgegriffen, soweit sie die Zusammenfassung der praktischen Tätigkeit und der mehr theoretischen Schulung in Organisationsfragen in einer staatlich geleiteten Lehrwerkstätte betrifft (S. 31, 19). Ich halte diesen Vorschlag für unrichtig und zwar aus folgenden Gründen:

1. Die Herstellung ohne Löhnung entbehrt des wirtschaftlichen Prüfsteins. Lehrwerkstättenarbeit ohne Zusammenhang mit einer

Fabrik ist daher nach meiner Kenntnis stets Spielerei gewesen und geblieben bis auf den heutigen Tag.

2. Verfahren und Maschinen wechseln ungeheuer schnell. Die neuzeitige Fabrik muß mit dem Wechsel dauernd mitgehen; die Staatslehrwerkstätte hat dazu meist nicht die Mittel, selbst wenn der Leiter mitgehen möchte. Dafür gibt es traurige Beispiele.

3. Die Personenfrage ist an sich sehr schwer zu lösen. Hat man aber einen wirklich tüchtigen Leiter einmal gefunden, so wird es auch einem solchen mit Rücksicht auf Punkte 1 und 2 unmöglich gemacht werden, auf der Höhe zu bleiben.

Gut dagegen sind die innerhalb der Fabriken arbeitenden Lehrwerkstätten, die mit stets erneuerten Maschinen im Zusammenhang mit der Produktion ständig auf der Höhe gehalten werden. (Borsig, Loewe, Maschinenfabrik Augsburg - Nürnberg, Siemens-Schuckert u. a. m.)

Zu Frage VI: Ist Zahlung an oder durch die ausbildende Firma wünschenswert?

Unser Leben beruht auf Leistung und Gegenleistung. So lange ein Praktikant unterwiesen wird, also Werkzeuge, Werkzeugmaschinen, Material und Lehrmeister braucht, ohne werbende Arbeit zu leisten, erscheint ein mäßiges Lehrgeld gerechtfertigt. Das wird also das erste halbe Jahr betreffen. Die Zahlung des Lehrgeldes legt gleichzeitig der Fabrik die Verpflichtung auf, eine sachgemäße Belehrung zu erteilen, und gibt dem Praktikanten einen Anspruch, sie zu erhalten.

Im zweiten halben Jahr dagegen können fleißige und begabte Praktikanten bereits brauchbare Arbeit leisten und dementsprechend entlohnt werden, wie es bei tüchtigen Lehrlingen ebenfalls geschieht (vergl. S. 69, 75). Die Lohnhöhe mache man von dem Urteil des Meisters abhängig; sie wird in jeder neuen Abteilung naturgemäß wieder von unten anfangen.

Ein in Aussicht stehender, wenn auch geringer Lohn hat die Wirkung des Anspornes auf den ehrgeizigen Praktikanten, ohne daß die materielle Seite zu stark in den Vordergrund rückt. Das Abhängigmachen der Lohnhöhe von der Güte der Arbeit erzieht zum wirtschaftlichen Denken im Sinne der Werkstatt und bringt dem Praktikanten den Begriff des Akkordes viel näher als alle anderen späteren theoretischen Studien.

Zu Frage VII: Ist ein großer, mittlerer oder kleiner Betrieb vorzuziehen?

Wünschenswert ist eine umfassende Ausbildung, die sowohl das Kennenlernen aller neuzeitlichen Arbeitsverfahren als einen Überblick über die Zusammenarbeit von Menschen und Maschinen ermöglicht. Im Vordergrunde steht aber zweifellos mit Rücksicht auf das anschließende Studium die Kenntnis der Arbeitsverfahren. Es sollen daher nur solche Betriebe als Bildungsstätten aufgesucht werden, die über den notwendigen Maschinen- und Werkzeugpark (Revolverbänke, Automaten, Räderfräsmaschinen, Fräs- und Schleifmaschinen, Gießerei, Tischlerei) wirklich verfügen.

Gleichgültig ist also, ob der Betrieb groß, mittel (S. 74, 37) oder klein (S. 83, 30; 86, 40; 92, 66) ist, wenn er nur gut eingerichtet und gut organisiert ist.

Bei der heute stärker als vor 10 oder 20 Jahren vorhandenen Spezialisierung sind gerade die neu eingerichteten Mittel- und Kleinbetriebe sehr häufig Sonderbetriebe, die zwar in bezug auf ihren Sonderzweig ausgezeichnet ausgerüstet sind, denen aber gerade die Vielseitigkeit (S. 95, 83) des Großbetriebes abgeht. Man wird daher im allgemeinen einen gut organisierten Großbetrieb dem Praktikanten als Ausbildungsstätte mehr empfehlen können, besonders wenn seine Organisation dafür bürgt, daß der Praktikant die einzelnen Abteilungen in der richtigen Reihenfolge durchmacht. Der Großbetrieb ist sich ferner gerade heute der Pflichten und der Notwendigkeit, für den Nachwuchs zu sorgen und sorgen zu müssen, sehr stark bewußt geworden, er hat die Mittel, den Platz und die Lehrkräfte, um im Anschluß an den Hauptbetrieb mustergültige Lehrwerkstätten zu schaffen (vergl. oben), die mit der Sonderunterweisung der Lehrlinge und Praktikanten den Zusammenhang mit Wirtschafts- und Organisationsfragen leicht verknüpfbar machen. (S. 74, 27, 21, 22, 20 — S. 75, 8, 7, 2 — S. 76, 39, 74, 73, 43 usw.)

Zu Frage VIII: Welche Erfahrungen haben Sie mit Ihrer eigenen Tätigkeit gemacht?

Die Erfahrungen mit der eigenen praktischen Tätigkeit sind vom Lehrer und Zögling in gleicher Weise abhängig. Schmerzlich berührt aber in der Fülle des eingegangenen Materiales (S. 77 ff.) die häufige Klage (vergl. oben) über nutzlos verbrachte Zeit und das Verlangen nach zweckmäßiger Unterweisung. Deutlich kommt der Standpunkt zum Ausdruck (S. 79, 19):

„man zwingt uns ein Jahr zu praktizieren, man sorge dann auch für volle Ausnutzung dieses so wichtigen Jahres."

Hier liegt tatsächlich die größte Schwierigkeit.

In den Schulen, Mittel- und Hochschulen, paart sich mit dem Besuchszwang ein für alle gleichmäßiges klares, bekanntes, der Kritik zugängliches Unterrichtsverfahren. Auch die Unterrichtsmittel sind etwa gleichwertig. Wie im Anfang ausgeführt, wird dieses Verfahren der großen Mehrheit der Durchschnittsschüler am besten gerecht. Zwischen Mittel- und Hochschule schiebt sich nun das praktische Jahr, über das zurzeit die Kontrolle fehlt, während der Zwang zur praktischen Tätigkeit vorliegt. Nur im Vertrauen auf die Tüchtigkeit, die Größe und das Verantwortlichkeitsgefühl unserer deutschen Industrie konnte mitten in den staatlich beaufsichtigten Schulzwang ein Stück Selbstverwaltung eingeschoben werden, dessen Ergebnisse zur Erlangung eines staatlich beurkundeten Vorrechtes als ausreichend anzusehen war.

Wir hoffen und wünschen, daß sich — in Nacheiferung einiger mustergültiger führender Industriebetriebe — nunmehr die Gesamtheit der Fabriken, die es übernehmen, Praktikanten auszubilden, ihrer hohen Pflichten voll bewußt werden wird.

Charlottenburg, im April 1914.

Prof. Schlesinger.

I. Gruppe:
Fakultäten, bei denen für die Abschlussprüfung eine praktische Werkstattausbildung verlangt wird.

Zu dieser Gruppe gehören die Antworten der Maschinen-Ingenieure, der Ingenieure für *Schiff- und Schiffsmaschinenbau*, der Elektro-Ingenieure, der Berg-Ingenieure und der Hütten-Ingenieure.

Zu Frage 1: Halten Sie für Architekten, Bauingenieure und Chemiker eine praktische Ausbildung für wünschenswert?

Zusammenstellung 1.

Kurzer Inhalt der Antworten:	Anzahl
1. Zu der Frage 1 nehmen keine Stellung und zwar zumeist, weil sich die Beantworter als Ingenieure nicht für zuständig halten, darüber ein Urteil abzugeben	56
2. Aus der Tatsache, daß vielfach Architekten, Bauingenieure und Chemiker eine gewisse Zeit praktizieren, darf ein Bedürfnis für das Praktizieren der genannten Fakultäten hergeleitet werden	2
3. Es sind für eine praktische Tätigkeit:	
a) der Architekten, Bauingenieure und Chemiker	21
b) der Architekten und Bauingenieure	20
c) der Bauingenieure	11
d) der Bauingenieure und Chemiker	2
e) der Chemiker	2
4. Eine praktische Tätigkeit der Architekten, Bauingenieure und Chemiker halten nicht für erforderlich	6
Zusammen	120

Hinsichtlich der Art der Ausbildung werden, da es sich in der Hauptsache um Vorschläge von Maschinen-Ingenieuren handelt, keine besonderen und eingehenden Äußerungen gemacht. Es wird nur ganz allgemein betont, daß sich die genannten Fakultäten während der praktischen Ausbildung einen geeigneten Überblick verschaffen möchten; auch wird darauf hingewiesen, daß das Praktizieren das Verständnis der sozialen Verhältnisse schärft und eine bessere Beurteilung der in den Werkstätten zu leistenden Arbeiten ermöglicht. Es wird auch zum Ausdruck gebracht, daß für jeden Mann der Technik eine praktische Ausbildung zu fordern ist.

Hinsichtlich der Zeit werden folgende Vorschläge gemacht:

a) Für Architekten: 1. ¼ bis ½ Jahr: 5 Stimmen,
2. 1 Jahr: 2 Stimmen.

b) Für Bauingenieure: 1. ½ Jahr: 5 Stimmen,
2. 1 Jahr: 6 Stimmen.

Bei Beantwortung der Frage 1 wird von einer Seite ausdrücklich betont, daß auch selbstverständlich für Verwaltungsingenieure *1 Jahr Praxis unbedingt notwendig erscheint.*

Zu Frage II: Ist die Zeit der praktischen Werkstatt-Ausbildung — 1 Jahr — ausreichend?

Zusammenstellung 2.

Kurzer Inhalt der Antworten:	Anzahl
1. Ein Jahr praktische Tätigkeit halten — ohne jede einschränkende oder ergänzende Bemerkung — für ausreichend . .	65
2. Für weniger als ein Jahr stimmen	4
Hiervon: 1 Stimme für 9 Monate 1 „ für 6—9 Monate 2 Stimmen für 6 Monate.	
3. Für wünschenswert halten eine längere als einjährige Praxis	15
4. Eine einjährige Ausbildungszeit halten für ausreichend, jedoch unter Anführung ganz besonderer Bedingungen	29
5. Nicht ausreichend halten eine einjährige praktische Tätigkeit	7
Hierunter sind: a) für 1¼ Jahr: 2 Stimmen b) für 1½ Jahr: 3 Stimmen c) für 2 Jahr: 2 Stimmen.	
Zusammen	120

In der Hauptsache werden bei einer einjährigen Werkstattausbildung zur Voraussetzung gemacht:

a) der Eleve muß für das technische Fach besondere und ausgesprochene Neigung besitzen;

b) die praktische Ausbildung muß unter ganz bestimmten Richtlinien vorgenommen werden.

Auf Einzelheiten ist bei Behandlung der Frage 8 näher eingegangen.

Vielfach wird berichtet, daß eine längere Praxis wohl wünschenswert wäre, jedoch wird alsdann die Gesamt-Ausbildungszeit zu lang. Es wird auch von einer Seite längere Praxis empfohlen, jedoch mit dem ausdrücklichen Bemerken, nicht mehr als ein Jahr praktische Tätigkeit obligatorisch zu machen. Schließlich wird verschiedentlich vorgeschlagen, ein volles Jahr praktisch zu arbeiten, jedoch in den Ferien entweder im Konstruktionsbüro oder auf Montage oder im Betrieb zu arbeiten.

Zu Frage III: a) Wie soll das Jahr verteilt sein und b) wie soll während dieses Jahres die Ausbildung vor sich gehen?

A. Es werden spezielle, die Ausbildungszeit in den einzelnen Hauptabteilungen einer Fabrik betreffende Angaben gemacht. Die Vorschläge bewegen sich in der Hauptsache in dem üblichen, der Herstellungsweise eines Arbeitsstückes entsprechenden Verteilungsplan.

B. Es wird in großen Zügen auf den Kern der Sache einzugehen versucht.

Nach beiden Richtungen hin werden die verschiedensten Vorschläge gemacht. Da es sich bei Frage III um eine der wichtigsten handelt und weil eine statistische Zusammenfassung wegen der Verschiedenartigkeit der gemachten Vorschläge untunlich ist, so sei auf die der statistischen Zusammenstellung angereihte Wiedergabe zur Frage 3 gehörigen Antworten hingewiesen (Seite 24 ff.).

Zu Frage IV: Wann soll die praktische Tätigkeit erfolgen?

Zusammenstellung 3.

Kurzer Inhalt der Antworten:		Anzahl
1. Die praktische Tätigkeit soll vor dem Studium erfolgen		44
2. Die praktische Tätigkeit soll während des Studiums erfolgen		3
3. Die praktische Tätigkeit soll geteilt erfolgen:		
a) ohne besondere Angabe der Verteilung	17	
b) vor, während und nach dem Studium	2	
c) ½ Jahr vor, ½ Jahr nach dem Studium	8	
d) vor dem Studium und während des Studiums, jedoch nicht in den Ferien	19	
e) vor dem Studium und während der Ferien	23	
f) nur während der Ferien	4	
Zusammen		73
Zusammen		120

Zu Frage V: Was halten Sie von dem Besuch einer Fortbildungs- oder Werkschule?

Zusammenstellung 4.

Kurzer Inhalt der Antworten:	Anzahl
1. Besuch der Fortbildungs- oder Werkschule wird für unzweckmäßig gehalten	78
2. wird für zweckmäßig erachtet	18
3. wird nur unter ganz bestimmten Voraussetzungen für zweckmäßig erachtet	22
4. es nehmen zu dieser Frage keine Stellung	2
zusammen	120

Zu Frage VI: Ist Zahlung an oder durch die Firma, bei der die Ausbildung vor sich geht, wünschenswert?

Zusammenstellung 5.

Kurzer Inhalt der Antworten:	Anzahl
1. Zahlung a n die Firma	50
2. Zahlung d u r c h die Firma	24
3. Ohne gegenseitige Vergütung	39
4. Keine oder keine bestimmte Äußerung	7
Zusammen	120

Zu Frage VII: Ist Ausbildung im Großbetrieb oder im mittleren oder im kleinen Betrieb wünschenswert?

Zusammenstellung 6.

Kurzer Inhalt der Antworten:	Anzahl
1. Für kleinen Betrieb	19
2. Für mittleren Betrieb	22
3. Für Großbetrieb	46
4. Für die erste Hälfte der praktischen Tätigkeit: Kleinbetrieb, für den Rest: Großbetrieb	25
5. Für die erste Hälfte der praktischen Tätigkeit: Großbetrieb, für den Rest: Kleinbetrieb	1
6. Andere Vorschläge	8
7. Keine Äußerung	5
Zusammen	120

An diese statistischen Übersichten seien nun einige, die Stellungnahme zu den einzelnen Fragen kennzeichnende Antworten angereiht.

I. Zu Frage II: Ist die Zeit der praktischen Werkstattausbildung — ein Jahr — ausreichend?

Hierzu seien die nachfolgenden Äußerungen aus den eingegangenen Antworten veröffentlicht:

52. Die Zeit — ein Jahr — ist ausreichend, falls sie gut ausgenutzt wird. *Es liegt in vielen Fällen an der ausbildenden Firma* oder Behörde, wenn der Volontär *nichts lernt. Es wird ihnen häufig* mit der Begründung, das „Informieren“ über Arbeitsvorgänge sei dem Arbeiten selbst vorzuziehen, zu große Freiheit gelassen, und da niemand da ist, der die Volontäre richtig über alles informiert, so lernen sie auch nichts.

53. Ein Jahr ist ausreichend. Die ganze Frage ist individuell zu betrachten nach der Begabung für den Berufszweig, dann auch unter einem Jahr genug. Entscheidend ist dann auch die Umgebung, in der der betreffende Praktikant aufgewachsen ist: Industriegegend, Beruf der Erzieher oder Eltern, technischer Instinkt mit der Muttermilch eingesogen. Mancher lernt's nie.

54. Ich halte die Dauer von einem ganzen Jahr für die praktische Ausbildung im Maschinenbaufache für ausreichend, denn es genügt, um ihm einen Überblick über alle Seiten des Maschinenbaues zu geben. Mehr ist nicht nötig, da es sich nicht darum handelt, die Handfertigkeit als Schlosser, Dreher usw. bis zur Vollendung auszubilden.

44. M. E. genügt der Zeitraum eines Jahres hierfür vollauf. Ich möchte sogar behaupten, daß man sich dasjenige Quantum an Wissensbereicherung, wie es im *Durchschnitt* erworben wird, auch in kürzerer Zeit aneignen könnte, falls es *möglich* wäre, *die praktische* Ausbildung durch Vorträge über „Herstellungsverfahren, Fabrikorganisation, technisches Zeichnen,“ und dergl. zu ergänzen und zu vertiefen. (Vgl. Mühlmann: Die praktische Ausbildung der Techniker und Fabriklehrlinge in Nord-Amerika.)

Eine Verlängerung der praktischen Arbeitszeit halte ich mit Rücksicht auf den ohnehin späten Eintritt in das Erwerbsleben für ausgeschlossen und zwecklos.

43. Ich halte ein Jahr für die praktische Ausbildung des normalen Ingenieurs durchaus für ausreichend; allenfalls wäre für Betriebsingenieure eine längere Ausbildung im Betriebe zu befürworten. Die von Geheimrat Dr.-Ing. Ziese im Dezemberheft des „Magazins für Technik und Industrie-Politik" gestellte Forderung von drei bis vier Jahren halte ich selbst für den Betriebsmann für übertrieben. Nicht zu vergessen ist, daß für die große Mehrzahl eine derartig lange Ausdehnung der Ausbildung finanziell unmöglich sein würde.

41. M. E. genügt ein Jahr praktische Tätigkeit. Ich selbst besitze nur eine viermonatliche praktische Werkstattausbildung und habe keinen Mangel dieserhalb empfunden.

37. Ein Jahr praktische Arbeit halte ich bei sachgemäßer Einteilung für ausreichend, dagegen halte ich es für sehr empfehlenswert, während ein oder zwei Sommerferien in ein Konstruktionsbureau zu gehen.

29. Ich halte ein Jahr, wenn es richtig verteilt wird, zur praktischen Ausbildung für völlig ausreichend, da nicht eine Handfertigkeit angestrebt werden soll, sondern der Studierende einen Überblick über die verschiedenen Arbeitsmethoden, Organisation der Werkstätten, gewinnen soll. Außerdem würde eine verlängerte Tätigkeit gleichbedeutend mit einer Verlängerung des Studiums sein; die Diplom-Ingenieure sind jetzt aber schon reichlich alt, bis sie ihre Ausbildung beendet haben.

21. Ein Jahr der praktischen Tätigkeit halte ich als Vorbildung für den späteren Beruf für vollkommen ausreichend. Häufig ist die spätere Beschäftigung des Ingenieurs eine derartige, daß die praktische Ausbildung fast gar keine Rolle spielt und wäre somit eine längere praktische Tätigkeit für solche Herren nur ein Zeitverlust.

3. Die Zeit von einem Jahr praktischer Tätigkeit dürfte wohl im allgemeinen ausreichend sein, zumal da durchschnittlich jeder, der sich dem technischen Studium widmet, schon von vornherein eine gewisse Neigung für das Fach und damit auch eine gewisse Handfertigkeit aus seiner Jugend mitbringt. Außerdem wird ja neuerdings auf den Realanstalten fakultativ Handfertigkeitsunterricht getrieben, der als allererste Einleitung angesehen werden kann.

Länger als ein Jahr praktisch zu arbeiten, hat wohl nur in Ausnahmefällen einen Zweck und ist auch mit Rücksicht auf das langjährige Studium wohl nicht durchführbar.

26. Für Maschineningenieure erscheint mir in den meisten Fällen eine längere Praxis als ein Jahr wünschenswert.

Ein Jahr wird zwar z. B. für Berechnungsingenieure und solche Herren, die sich mehr der Reise und dem Verkauf widmen wollen, genügen, doch werden z. B. Konstruktionsingenieure und Herren, die auf leitende Stellungen in Bureau und Fabrik reflektieren, gut tun, sich länger als ein Jahr praktisch zu betätigen. Zwei Jahre erscheint mir nicht zu viel.

Auch für Pateningenieure, bezw. Herren, die sich der Patentanwaltskarriere widmen wollen, oder Herren, die z B. Redakteure technischer Fachschriften werden wollen, halte ich eine längere Werkstattpraxis für vorteilhaft. Für solche Herren kämen eventuell auch noch andere Betriebe wie Maschinenfabriken in Betracht.

5. Die Zeit von einem Jahre ist, sofern man eine wirklich gründliche *Ausbildung wünscht, keineswegs ausreichend, wobei* es noch auf die enger oder weiter *gesteckten Ziele bei der praktischen* Ausbildung ankommt. Beispielsweise würde eine Tätigkeit von ca. einem halben Jahre im Technischen Bureau als Zeichner den jungen Mann bedeutend fördern, da er beizeiten die wichtigsten Aufgaben der zeichnerischen Tätigkeit kennen lernt. Er kann dann als junger Diplom-Ingenieur gleich mit besseren Arbeiten beschäftigt werden, da er die mechanischen Tätigkeiten wie Pausen, Registrieren, bereits kennen gelernt hat. Er wird auch den Studien-Zeichnungen ein dem praktischen Gebrauch besser entsprechendes Äußere geben. Es ist aber nicht zu verkennen, daß eine weitere Verlängerung der Ausbildungszeit das Studium weiter verteuert und im Verhältnis zu anderne Berufszweigen (Juristen, Philologen) zu viel Zeit in Anspruch nimmt.

II. Zu Frage III: a) Wie soll das Jahr verteilt sein; b) wie soll während dieses Jahres die Ausbildung vor sich gehen?

Aus der Reihe der eingegangenen Äußerungen seien die nachstehenden bekanntgegeben:

1. Die Reihenfolge soll die Gleiche sein, wie sie das Arbeitsstück durchmacht: Modelltischlerei (ca. 2 Mon.), Gießerei (ca. 2½ Mon.), Bearbeitungswerkstätte (ca. 2½ Mon.), Montage (5 Mon.). Der Praktikant soll in den einzelnen Abteilungen keine Fertigkeit der Funktionen erlangen, sondern lernen, welche Schwierigkeiten zu überwinden sind; was man noch machen kann und was nicht zu machen ist.

2. Das praktische Jahr denke ich mir am besten so eingeteilt, daß einerseits ein praktisches Mitarbeiten in den Werkstätten ohne Schonung des Auszubildenden in irgend einer Richtung erfolgt, daß andererseits dagegen neben der praktischen Ausbildung herlaufend ein Kursus in dem Werk, das die Ausbildung übernommen hat, eingerichtet ist, der zur kritischen Beurteilung der Arbeitsvorgänge anregt und zur Einführung in die Technologie, Materialkunde usw. dient, ohne auf theoretische Erörterungen näher einzugehen. Zeitlich würde vielleicht an den Vormittagen praktisch gearbeitet, an den Nachmittagen oder doch an mehreren Nachmittagen in der Woche der Besuch des geschilderten Kursus, der in den Werken selber stattfindet, ausgeübt werden. In diesem Kursus kann auch technisches Zeichnen, Buchführung, Einführung in die Lohnrechnung des Werkes, *Materialbuchführung, Kostenberechnung* usw. erfolgen.

3. *Für* den Maschinenbauer wird es vorteilhaft sein, wenn er einen großen Teil seiner praktischen Lehrzeit in der Schlosserei einer mittleren Maschinenfabrik verbringt, etwa 5 Monate. Die übrige Zeit müßte verteilt werden auf Schmiede: zwei Monate; Dreherei: sechs Wochen; Gießerei: sechs Wochen; der Rest für Schreinerei und Montage.

Die Ausbildung müßte unter der Leitung eines sich dafür interessierenden akademischen Ingenieurs stehen, der auch die Praktikanten zum Skizzieren anregt und gemeinsame Besprechungen über das Gelernte mit ihnen hat. Jedenfalls ist möglichste Freiheit für den Praktikanten empfehlenswert, damit er auch Gelegenheit hat, in der Fabrik sich umzusehen.

4. Der Volontär soll in der Eisen- und Metallgießerei, Formerei, Schlosserei, Schmiede, Dreherei, Klempnerei, Stellmacherei und Tischlerei systematisch ausgebildet werden. Sehr vorteilhaft würde es für ihn sein, wenn er auch Gelegenheit hätte, Dampfkessel, Dampfmaschinen und Schalttafeln zu bedienen, entsprechend der Ausbildung der Staatsbeamten als Lokomotivführer.

Der Volontär soll während seiner praktischen Tätigkeit genau an die Arbeitszeiten der übrigen Arbeiter gebunden und in den einzelnen Abteilungen einem Meister oder Vorarbeiter direkt unterstellt sein.

5. Ein großes Übel in der praktischen Ausbildung ist es, daß in den meisten Fällen die jungen Volontäre zu sehr sich selbst überlassen sind. Bestenfalls werden sie einem Meister überwiesen, der je nach den Erfahrungen mit diesen jungen Herren sie mehr oder minder gut und zweckmäßig beschäftigt. Die Belehrung wird mehr dem Zufall und dem Glück des Betreffenden überlassen, der sich in den meisten Fällen einer völlig neuen und ungewohnten Umgebung gegenübersieht. So geht oft eine beträchtliche Zeit nutzlos verloren.

Der Unterzeichnete möchte auf die Ausbildung der Einjährig-Freiwilligen im Heere hinweisen: Also zunächst eine intensive Ausbildung in den nötigen Handfertigkeiten, etwa in einer gesonderten Abteilung der Lehrlingswerkstätten, oder in besonderen für diesen Zweck gegründeten mechanischen Werkstätten, wie es schon einige gibt. Nebenbei womöglich zeichnerische Ausbildung in den gewerblichen Abendschulen und ähnlichen Anstalten, wo durch Einreihen in einen höheren Kursus der Vorbildung Rechnung getragen werden kann. Diese Tätigkeit kann in einem halben Jahre den Eleven soweit gefördert haben, daß er später in mehreren Abteilungen, z. B. Modelltischlerei, Dreherei, Montagewerkstatt beschäftigt werden kann. Alle Abteilungen durchzumachen ist nicht nötig und zersplittert nur. Es kann da freie Wahl gelassen werden. Zweckmäßig ist es, dem Eleven durch eine Beschäftigung in Werkstätten- oder Technischem Bureau (je nach der Grösse des Werkes) Gelegenheit zu geben, die Anfertigung von Werkstattzeichnungen zu lernen.

6. Das praktische Jahr soll so ausgenutzt sein, daß sich ein systematisches Kennenlernen des betreffenden Berufes in großen Zügen ergibt.

7. Die Arbeitsverteilung auf zwei Jahre möge sich wie folgt gestalten: Modelltischlerei: 4 Monate; Formerei und Gießerei: 6 Monate; Maschinenschlosserei: 6 Monate; Schmiede: 4 Monate; Montage: 6 Monate. Eine besondere Einrichtung von Lehrkursen in Fabriken halte ich nicht für empfehlenswert. Der Praktikant soll keine Sonderstellung einnehmen, um den sozialen Verkehr mit den Arbeitern von kollegialer Seite aus kennen zu lernen.

8. Ein halbes Jahr praktisch, das andere Halbjahr als Assistent von Betriebs- und Werkstattingenieuren arbeiten.

9. Das praktische Jahr ist auf die einzelnen Betriebszweige in angemessenen Fristen zu verteilen.

Die Arbeiten sind unter Anleitung eines geeigneten Gesellen des jeweiligen Betriebszweiges und unter völliger Ausnutzung der üblichen Arbeitszeit vorzunehmen.

10. Die erste Hälfte des Jahres dürfte für das Kennenlernen der Arbeiten am Schraubstock, Drehbank, Hobelbank, sowie für Bohren, Formen, Schmieden angewandt werden, die zweite Hälfte vor allem der Montage, dann der Maschinenführung im Maschinenhaus und in der elektrischen Zentrale und der Arbeitsweise gewisser größerer Werkzeugmaschinen und ganzer Werkstätten im einzelnen reserviert werden.

11. Die Verteilung hat nach den einzelnen in Betracht kommenden Werkstätten mit Berücksichtigung ihrer Wichtigkeit und ihres Umfanges zu erfolgen; am Schlusse wäre auch eine kurze Zeit auf dem technischen Bureau zuzubringen. Die Ausbildung erfolgt am besten, indem der Betreffende jedesmal dem Vorarbeiter beigegeben wird.

12. Ich halte es für zweckmäßig, daß sich der Ausbildende im ersten halben Jahr mit den in der Modelltischlerei, Gießerei, Schmiede, Schlosserei und Dreherei angewandten Verfahren und Werkzeugen durch eigene Handhabung vertraut macht. Im zweiten Halbjahr soll dann der Auszubildende in der Montage-Werkstatt beschäftigt sein, sich dabei aber auch möglichst über die Art der Arbeitsverteilung und der Lohnverrechnung unterrichten.

Besonders im ersten Ausbildungsabschnitt ist dem Praktikanten Gelegenheit zu geben, selbst mitzuarbeiten. Hierzu bedarf es der Anweisung geeigneter Werkmeister und tüchtiger einschlägiger Facharbeiter. Die Selbstherstellung von — natürlich nicht besonders schwierigen — Arbeitsstücken ist in hohem Maße geeignet, das Interesse an der praktischen Tätigkeit aufrecht zu erhalten. Andererseits soll der Praktikant hierdurch nicht verhindert werden, sich gelegentlich in anderen Werkstatts-Abteilungen besonders lehrreiche Arbeiten anzusehen.

13. Einblick in einige Teile des gesamten Betriebes genügt als Beispiel.

14. Die praktische Tätigkeit soll lediglich zwei Ziele umfassen: 1. Einblicke zu gewähren in die Materie und Arbeitsvorgänge industrieller Betriebe, 2. in deren Beherrschung seitens der ausübenden Beamten, Arbeiter etc. Die erstere Aufgabe wird um so vollkommener gelöst werden können, je individueller sie erfaßt und angefaßt wird. Sie läßt dann jedenfalls eine leichtere systematische Durchführung zu. Der Ingenieur, der sich bereits für die Zukunft einer speziellen Fachrichtung zuzuwenden entschlossen hat, wird bestrebt sein, in der vorausgehenden Praxis tunlichst schon den Kreis späterer Interessen aufzusuchen. Für den Maschineningenieur, besonders als späterer Verkehrs-Ingenieur, wird die Lokomotivfabrik, speziell die Werkstatt; für den Chemiker, oder auch in dieser Richtung befähigten Maschineningenieur, die chemische Fabrik, für den ersteren das Laboratorium, für letzteren der Betrieb; für einen Verwaltungsingenieur der genannten Fachrichtung wird stets mehr das Büroleben der einschlägigen Kreise der geeignete Ausbildungsort sein. Die üblich gewordene Einkreisung der praktischen Tätigkeit durch fast gesetzmäßiges Durchlaufen der einzelnen Werstattsabteilungen ist wohl der allein durchführbare Weg, sollte indessen vorstehenden Gesichtspunkten mehr und mehr Rechnung tragen lernen.

Der zweiten Aufgabe der Ausbildung, dem Studium des Handwerks und der Behandlung der Maschinen seitens der ausübenden Kräfte, sollte sich gleichzeitig ein mehr psychologisches Sichkennen- und Verstehenlernen der Arbeiterschaft und des Beamtentums angliedern, wodurch einesteils das eigne Pflicht- und anderesteils Selbstbewußtsein in richtiger Weise geschult werden. Namentlich die späteren Verwaltungsingenieure werden mehr dieser Seite der Ausbildung in der Praxis ihre Aufmerksamkeit zu schenken haben.

Betrachtet man den Gang und die Einteilung der bisherigen Werkstattausbildung des Praktikanten genauer, namentlich in großen Werken, so geschieht dies allgemein in der Weise, daß dem letzteren für bestimmte Zeitabschnitte der Aufenthalt in den einzelnen Abteilungen: Schreinerei, Formerei und Gießerei, Dreherei, Schlosserei, Schmiede und evt. später im Montierraum angeordnet wird. Hier schablonenhaft alle vorhandenen Staffeln einzeln erklimmen zu sollen, bezw. vom Praktikanten die wirkliche Erlangung praktischer Fertigkeiten zu verlangen, hieße gegen das Wesen der Tätigkeit selbst verstoßen. Der Praktikant, zumal als Volontär, soll nur Einblick in die Aufgaben industrieller Betriebe und deren Lösung erhalten und wird das in um so kürzerer Zeit erreichen können, je williger und auffassungsfähiger einmal er selbst ist, je bereitwilliger ferner die ihm vorgesetzten Beamten und zugeordneten Arbeiter sind, d. h. gewissermaßen je verständnisvoller er selbst schon denselben zu begegnen weiß — dieser Punkt birgt allerdings einen mehr oder weniger ungelösten Widerspruch in sich — und drittens je fortschrittlicher und neuzeitlicher das gesamte Werk selbst geregelt ist. Je schneller nun der zu gewinnende Überblick seinerseits erlangt werden kann, um so schneller und durchgreifender wird in dem Praktikanten bereits der Sinn zu eingehenderen Fragen und Überlegungen für evt. Neugestaltung der Aufgaben und Lösungen geweckt und der Grundstein für spätere Pionierarbeit gelegt, womit auch die gesammelten Eindrücke stets bessere Festigung erlangen, als durch noch so gründliches, aber mechanisches Erlernen der einzelnen Arbeitsvorgänge bezw. eigne Betätigung der vorhandenen Maschinen. Ein Erstreben von Fertigkeiten bleibt hier ein stets schwerwiegender Fehler, da innerhalb der zur Verfügung stehenden Zeit dieses doch nur zu Halbwerk führen kann, und auch nur auf Kosten anderer wichtigerer Errungenschaften erworben würde. Von großem Vorteile gegenüber dem strikten Festhalten an der Einteilung nach Abteilungen zeitlich dürfte dagegen das Bestreben sein, dem Praktikanten zeitweise einen gesamten Überblick über den Werde- und Arbeitsgang ein und desselben Arbeitsstückes zu gestatten, worin man leider nur zu sehr dem guten Willen der leitenden Beamten untergeordnet ist.

Geschieht nach Vorstehendem die Ausbildung, so dürfte dieselbe bereits innerhalb eines halben Jahres als ausreichend und beendet anzusehen sein, eifriges Bemühen des Praktikanten und beamtenmäßig durchgeführter Zwang hierin vorausgesetzt. Trotzdem sollte von einer Zeugniserteilung in dieser Zeit Abstand genommen werden, da dessen Wert für die Zukunft des Betreffenden weder auf Grund schlechter noch guter Noten von nur zweifelhaftem Wert sein dürfte. Ein allgemeines Zeugnis über das persönliche und sachliche Verhalten wäre hier jedenfalls ausreichend.

Auf die Vielseitigkeit des maschinellen Betriebes dürfte es grundsätzlich nicht so sehr ankommen, wie darauf, daß der Betrieb neuzeitlich und großzügig durchgeführt wird und daß man in gewissem Rahmen sich Gründlichkeit verschaffen kann. Denn für verschiedene und komplizierte Maschinengattungen oder dergl. und ihren Zusammenhängen dürfte doch wohl erst die spätere Hochschulbildung die notwendigen und richtigen Vorstellungen erwecken. Ein in dieser Zeit erstmalig zugänglich gewordener Arbeitsvorgang, Maschinengebilde o. dergl. kann nach dem z. Z. obwaltendem Urteil und Standpunkt der Technik wohl und begreiflicherweise das Studium dieser vermitteln und veranlassen, aber nicht erleichtern. Kleinbetriebe mit einigen wenigen, aber erstklassigen Spezialitäten sind für die Ausbildung zum mindesten gleichwertig. Meist lernt man in ihnen die Licht- und Schattenseiten eines technischen Arbeitsgebietes vollständiger und in kürzester Zeit kennen. Großbetriebe mit vielseitigen, in gegebener Zeit zu durchlaufenden Abteilungen erweitern zwar den allgemeinen Gesichtskreis um so mehr, verleiten aber häufig zur Oberflächlichkeit und einer Allgemeinbildung, die niemals Endzweck der praktischen Ausbildungszeit bilden kann. Sie hat mit der Erleichterung des bevorstehenden Studiums nichts zu tun und bleibt daher besser der Zeit des Studiums selbst (Exkursionen), der späteren wirklichen Praxis nach absolviertem Studium oder den Mußestunden im Leben des Ingenieurs vorbehalten. Der Wert rationell geleiteter Ausbildung liegt in erster Linie in der allgemeinen, aber folgerichtigen Erkenntnis werkstattechnisch vollkommener Arbeit und ihres Herstellungsganges in irgend einem Erwerbszweig.

Sache des Werksleiters wird es stets bleiben, diese Ausbildung in den richtigen Grenzen zu halten. Je mehr er selbst auf dem Boden der gleichen oder wenigstens ähnlicher Bestrebungen aufgewachsen ist, um so willfähriger, nachdrücklicher und weitsichtiger wird er sich den Fragen widmen. Ohne die Fäden aus der Hand zu geben, muß er zunächst seine Volontäre den betreffenden und geeignetsten Werkmeistern und Abteilungsleitern zuweisen. Wichtig bleibt es u. a., besonders instruktive und schwierige Aufgaben des Werkes in der Ausführung den Praktikanten zugänglich, d. h. sichtbar zu machen. Eine öftere sachliche Aussprache über Tageswerke, vielleicht nach Art sog. Instruktionsstunden dürfte das gegenseitige Verständnis und den Verkehr aller beteiligten Personen in wohltuender und nutzbringender Weise ergänzen. Es dürften sich die Volontäre gegebenenfalls auch zu einer Vergütung solcher Instruktionsstunden ebenso gern zusammenschließen, wie eine Zubuße an das Praktikanten aufnehmende Werk meist der Fall ist. Vielleicht schaffen hierin auch die neuzeitlichen Bestrebungen der Hochschulen selbst Wandel, die auf direkte Verhandlungen mit den einschlägigen Kreisen zur Beförderung der praktischen Ausbildung in der Privatindustrie abzielen.

Was nun die verbleibende Zeit der Ausbildung nach Vorstehendem anbelangt, so ergibt sich ihre zweckmäßigere Verwendung innerhalb der wirklichen akademischen Laufbahn von selbst, beispielsweise in den Sommerferien, welche nicht durch Vorbereitungen zu bevorstehenden Examinas ausgefüllt erscheinen. Der Praktikant wird auf diese Weise zunächst Lücken auszufüllen Gelegenheit haben, die er im Laufe seiner Studien als solche von früherer Tätigkeit her als zurückbleibend erkannt hat. Es wird dann ferner mit dieser Zeit eine mehr büroseitige Betätigung anzustreben sein, wo der Praktikant sich durch zeichnerische Arbeiten über gewisse erworbene und strittige Erkenntnisse seiner praktischen Lehrzeit, evt. schon zu Nutz und Frommen der Fabrik selbst, Aufschluß zu suchen und zu geben imstande ist und jedenfalls schon überleitet zu späterer Praxis als Konstrukteur, Verwaltungsbeamter, Laborant usw. Die hierbei wiederum unerläßliche Aussprache mit späteren Fachkollegen wird seinem sozialen Empfinden von früh an das richtige Gepräge verleihen und seinen allgemeinen Gesichtskreis in nützlicher Weise erweitern.

15. Das Jahr sollte zu ⅔ der praktischen Tätigkeit als Arbeiter in Schlosserei, Dreherei, Gießerei, Modelltischlerei (sehr wertvoll) dienen, zu ⅓ der Beteiligung an Montage und Prüffeld-Arbeiten.

16. Möglichst vielseitig und großzügig die Ausbildung einrichten und sich nicht in kleinen Handfertigkeiten verlieren.

17. Wenigstens die Hälfte der Arbeitszeit muß mit dem Studium Hand in Hand gehen. Sobald dem Praktikanten gestattet ist, auch andere Werkstätten zu besuchen, ist ein Arbeiten in allen für das Fach in Betracht kommenden Werkstätten nicht nötig.

Einen besonderen Ausbildungplan halte ich nicht für erforderlich und angebracht, da diesen kleinere Betriebe, in denen man vielfach das meiste lernt, nicht einhalten können. Es ist das Arbeiten in verschiedenen Fabriken zu empfehlen.

18. *Der Studierende soll möglichst* viel vom Fabrikbetriebe *sehen.*

a) Möglichst lange in der Schlosserei und Montagehalle (etwa 7 Monate). Die bleibenden 5 Monate sollen sich auf Modelltischlerei. Gießerei, Schmiede und Dreherei verteilen. Modelltischlerei ist zu *betonen.*

b) Der Praktikant soll die Fabrikordnung streng innehalten. Er soll keine Vergünstigungen vor den Arbeitern haben. Er soll kommen und gehen, wie die, die für ihr Brot arbeiten müssen. Er soll auch einmal auf Ferien verzichten und nicht glauben, eine längere Mittagspause beanspruchen zu können.

Dies bedingt, daß ihm für seine Arbeit kein zu kurzer Termin gestellt wird. Akkordarbeiten sind zu vermeiden.

19. Die Tätigkeit soll in mehreren Abteilungen vorgenommen werden, weil man nicht imstande ist, so viele Kenntnisse in sich aufzunehmen und gründlich zu durchdenken und durchzuarbeiten, wenn alles hinter einander erfolgt. Indes soll ein Zwang nach dieser Richtung nicht eintreten.

Zweck genannter Tätigkeit ist nicht die Aneignung von Handfertigkeit, nicht Entwicklung von Fähigkeiten, sondern Erwerb von Kenntnissen. Wie letzterer erfolgt, hat die Erfahrung ergeben. Der schlechteste Weg ist der, *daß man den Praktikanten in* eine Werkstatt stellt *und ihn seinem Schicksal überläßt, d. h. man* ordnet an, daß er so und so lange in die und jene Abteilung geht und sich dort die Zeit mit Arbeiten vertreibt. Auf diese Weise sieht er lediglich die Ausführung von Handgriffen. Das Wesentliche aber, warum man es so macht, wie viel dies kostet, das alles bleibt ihm unbekannt, ja er kann es sogar nicht erfragen. Wenn die Zeit vorüber ist, sind die Kenntnisse zwar bereichert worden, aber nicht genügend, und der Nutzeffekt des Zeitaufwandes war ganz minimal. Dieses System hat noch immer und überall Bankerott gemacht, zu allen Zeiten und in allen Ländern, ganz besonders aber in dem Lande der Praktiker: Amerika. Die einzig richtige Art der Ausbildung ist die Heranschulung in einer staatlich geleiteten eigens für einen bestimmten Personenkreis errichteten Lehrwerkstätte, wo neben praktischer Arbeit auch die wirtschaftlichen Wirkungen gezeigt werden. Nach gründlicher Ausbildung soll dann eine mehrmonatliche Tätigkeit in verschiedenen Industrieetablissements erfolgen.

20. Das Wesen des Fabrikbetriebes lernt der Praktikant nur dann kennen, wenn ihm mindestens eine Stunde täglich oder 3 mal wöchentlich eine Art theoretischer Unterricht erteilt wird, der sich nicht nur mit den technischen Fragen des Büros *und der Fabrikation* befaßt, sondern auch das Akkordwesen, die Fabrikbuchhaltung und die Betriebsbuchhaltung umfaßt, auch über das Versicherungswesen der Arbeiter ist ein belehrender Vortrag erwünscht. Die Ausbildung erfolgt am besten so, daß wenn irgend möglich in der Gießerei begonnen wird, dann folge die Tischlerei; denn ein Tischler kann nur dann ein gutes Modell machen, wenn er die Formvorgänge genau kennt. In derselben Gedankenrichtung liegt es dann, wenn der Praktikant aus der Tischlerei in die Montage kommt und aus der Montage erst in die mechanischen Werkstätten; denn nur wenn man *weiß*, wie montiert wird, kann man ein Stück gut genug drehen, fräsen, schleifen usw. Ich stehe also auf dem Standpunkt, daß erst die zusammenfassenden Werkstätten und dann die Einzelwerkstätten durchgearbeitet werden müssen.

21. Vor Beantwortung dieser Frage muß man sich darüber klar sein, daß der Studierende während seiner einjährigen praktischen Tätigkeit nicht in allen Abteilungen, in denen er beschäftigt wird, perfekt sein kann, sondern sich nur die Fähigkeit aneignen soll, eine Arbeit richtig beurteilen und bewerten zu können. Daher ist es auch nicht richtig, wenn er versucht, am Schraubstock oder an der Drehbank während dieses praktischen Jahres sozusagen eine Meisterarbeit zu liefern, vielmehr soll er die Augen offen halten, um mit klarem Blick feststellen zu können, wie eine Arbeit am leichtesten und am billigsten und in kürzester Zeit hergestellt werden kann. Zu diesem Zweck ist es auch erforderlich, daß der angehende Ingenieur nicht nur in der Werkstatt, sondern auch im Kalkulationsbüro, im Lohnbüro usw. beschäftigt wird. Wie diese einzelne Tätigkeit auf das ganze Jahr zu verteilen ist, wird von der Auffassungsgabe und der Leistungsfähigkeit des Einzelnen abhängen.

22. Ich halte es für richtig, den größten Teil der Zeit mit Arbeiten in der Werkstätte zu verbringen, den kleineren gegebenenfalls mit einer Montage. Auf keinen Fall soll aber eine Beschäftigung in dem Büro stattfinden. Die Hauptsache der praktischen Tätigkeit liegt m. E. darin, daß der Ingenieur sieht, wie man die verschiedenen Arbeiten ausführt. Es ist durchaus nicht erforderlich, daß er selbst imstande ist, die Arbeiten zu machen, er muß wissen, wie wird die Arbeit gemacht. Mit welcher Maschine wird ein Stück bearbeitet, kann z. B. ein Stück, das ich einmal entworfen habe, gepreßt werden oder muß es gegossen werden. Kann der Schmied ein Stück, wie ich es auf der Hochschule entworfen habe ausführen? Dies ist die praktische Tätigkeit des Ingenieurs. Er soll lernen, was man in der Werkstätte machen kann, so daß seine Konstruktionen, wenn Sie ausgeführt werden sollen, nicht von der Werkstätte zurück kommen mit dem Bemerken, so, wie es gezeichnet ist, kann es nicht gemacht werden. Es bleiben einem dann auch die unangenehmen Augenblicke erspart, wo der Werkmeister oder Vorarbeiter einem mit höhnischem Lächeln sagt, wie man es hätte besser machen können. Wert ist auch darauf zu legen, daß man Einblick in die Kosten der einzelnen Arbeitsvorgänge erhält, um bei später zu entwerfenden Konstruktionen die gewonnenen Kenntnisse zu verwerten. Was man einem Arbeiter zumuten darf, d. h. was einer leisten kann, wird man selbst im Laufe der praktischen Tätigkeit merken. Es dürfte nichts schaden, wenn bei der praktischen Tätigkeit auch ein Zusammenbau der einzelnen Teile mitgemacht wird. Es soll damit gezeigt werden, daß es nicht nur genügt, die Einzelteile gut durchzuarbeiten, sondern man darf nie vergessen, daß auch die Montage möglichst einfach sein muß.

23. Den Begriff „praktische Tätigkeit" möchte ich gegenüber der im Fragebogen skizzierten Definition noch etwas weiter fassen. Als Ideal schwebt mir vor die Einführung des Anfängers nicht nur in die Werkstatt, sondern auch in die Büros. Der junge Diplom-Ingenieur, der von der Hochschule fort in eine Betriebsstellung kommt, wird meistens im Betriebe bleiben und würde seinen Kollegen von den Büros und deren Arbeit mit mehr Verständnis gegenüber stehen, wenn er selber, sei es auch nur kurze Zeit, das Büroleben gekostet hat. Von den Büros, die hier in Betracht kommen, sind meines Erachtens die Konstruktionsbüros von geringster Wichtigkeit, da auf der Hochschule völlig genug gezeichnet und konstruiert wird. Wichtiger sind das Projekte-Büro, Kalkulationsbüro, Lohnbüro, evtl. auch Baubüro (Fabrik-Neubauten). Ich würde der praktischen Tätigkeit in diesen Büros 3 Monate des zur Verfügung stehenden Jahres widmen. Es bleiben dann 9 Monate für die Werkstatt, welche etwa in folgender Weise zu verteilen wären: 3 Monate Schlosserei und Montagen; 1 Monat Modelltischlerei; 1½ Monat Gießerei; 1 Monat Dreherei; 1 Monat Fräsen, Hobeln und Bohren; ½ Monat Expedition; ½ Monat Materialverwaltung und Materialprüfung; ½ Monat Werkzeugmacherei und Vorrichtungsbau. Die für jede einzelne Abteilung angesetzte Zeit soll möglichst wenigstens in zwei Abschnitten zerlegt werden, die in geeigneter Weise auf die Ausbildungszeit mit größerem Abstande zu verteilen sind. Diese Auseinanderlegung soll das Verständnis für das Verhältnis der einzelnen Abteilungen zu einander fördern.

Die Art der Ausbildung soll derart beschaffen sein, daß weniger Gewicht auf die Erlangung einer Handfertigkeit oder bestimmter Kenntnisse gelegt wird, als vielmehr auf die Erweckung einigen Verständnisses dafür, was ein Material, was eine Werkzeugmaschine, was ein Arbeiter, was ein Beamter und was man durch systematisches Zusammenarbeiten leisten kann. Eine ebenso wichtige Aufgabe der praktischen Tätigkeit scheint mir jedoch die innige Berührung des jungen Studierenden mit dem Fabrik- und Industrie-Milieu zu bewirken als Gegengewicht und regulierendes Moment zum akademisch-wissenschaftlich gefärbten Milieu der Hochschule.

Die angedeuteten Zwecke der praktischen Tätigkeit werden nur unvollkommen erreicht werden, wenn der Praktikant als A r b e i t e r in einen Betrieb eintritt; der Gesichtskreis bleibt hier zu eng. Es ist vielmehr der Eintritt als E l e v e entschieden vorzuziehen, der sich einer größeren Bewegungsfreiheit erfreut. Er soll soviel sehen als möglich, soll da, wo er tüchtige Arbeiter am Werke sieht, aufpassen, was und wie sie es machen. Die Erwerbung einer persönlichen Handfertigkeit soll dabei, wie schon oben gesagt, in den Hintergrund treten, da hierbei zuviel Zeit an Einzelheiten vergeudet wird.

24. Das Kennenlernen der Arbeitsvorgänge und das Beurteilen der Beamten und Arbeiter wird von selbst Hand in Hand gehen.

Die Verteilung wird im wesentlichen davon abhängen, ob die Beschäftigung in einem Großbetriebe oder in einer kleineren Werkstatt erfolgt. Im allgemeinen soll in den Grundzügen die Ausbildung eines Lehrlings vorbildlich sein, nur soll im Hinblick auf die spätere Stellung des Studierenden besonders Wert auf die Beschäftigung in den Montageabteilungen gelegt werden.

25. Meines Erachtens sollte die technische Ausbildung im ersten Teil der praktischen Tätigkeit, welcher v o r dem Beginn des Studiums liegen müßte, überwiegen; aber nicht so gehandhabt werden, daß hierbei Zeit vergeudet wird. Der Eleve sollte unter Leitung eines tüchtigen Meisters Bearbeitungsfragen, die als Zeichnungen vorliegenden Stücke, lösen und deren Bearbeitung zu verfolgen haben. Berichte über diese Tätigkeit würden bald zeigen, wo noch Lücken sind. Der Zusammenhang der gesamten Werkstattarbeit, also das Hand-in-Handgehen der einzelnen Werkteile darf dabei nicht vernachlässigt werden. Ich glaube, daß ca. ½ Jahr (aber angestrengter und interessierter Tätigkeit) dazu genügt.

Bis zur Vorprüfung wird (trotz mancher, von Hochschullehrerseite kommenden Einwendungen) noch etwa ¼ Jahr zur Verfügung stehen (in den Ferien), um den Zusammenhang zwischen Konstruktion und Werkstatt (etwa als Betriebstechniker-Volontär) unter Anleitung des Betriebsleiters zu studieren, immer auf die Fortbildung der technologischen Ausbildung bedacht.

Das noch zu einem vollen Jahre fehlende ¼ Jahr sollte zwischen Vorprüfung und Diplomprüfung passend verteilt, der genaueren Kenntnis der Fabrikorganisation unter Leitung des Oberingenieurs oder technischen Direktors gewidmet sein. Materialbeschaffung, Transportfragen, Offertausarbeitungen und Projektieren könnten (mindestens ebenso gut wie in einer einstündigen Vorlesung) hier studiert werden. Der Eleve könnte (im Gegensatz zu den meisten derartigen Einrichtungen) hier nutzbare Arbeit leisten, ein Moment, der für die Bereitstellung von Lehr- bezw. Volontärstellen nicht zu unterschätzen ist.

26. Für Maschineningenieure halte ich eine praktische Tätigkeit in folgenden Betrieben für wünschenswert: Montage (in erster Linie und am längsten), Schlosserei, Dreherei, Fräserei, Schleiferei, Modelltischlerei, Gießerei. In diesen Werkstätten hätte der Praktikant zunächst unter Anleitung eines älteren Arbeiters oder Meisters einige kleinere Arbeiten selbst auszuführen und sich dann mehr aufs Beobachten der ausgeführten Arbeiten sowie des Verkehrs der einzelnen Betriebe miteinander zu verlegen. *In der Montage wird der* Praktikant am *besten einem erfahrenen Monteur zugeteilt und bleibt* bei diesem, bis eine Montage vollendet ist; vorteilhaft ginge der Praktikant dann auch mit zur Aufstellung der betr. Maschine an ihrem Bestimmungsort.

Zweckmäßig wäre es für verschiedene Zwecke auch, wenn sich der Praktikant einen Einblick in Kalkulation, Materialbeschaffung, Korrespondenz und Versand verschaffen könnte. Hier könnte aber nur eine mehr informatorische Tätigkeit in Betracht kommen, wobei natürlich der ordnungsgemäße Betrieb nicht gestört werden darf.

27. Die praktische Tätigkeit müßte nur in einem großen Betriebe mit möglichst vielseitiger Fabrikation absolviert werden und zwar müßte mehr Gewicht auf das Kennenlernen der verschiedenen Arbeitsvorgänge als auf deren Ausführung seitens des Eleven selbst gelegt werden. Als Abschluß 1 bis 1½ Monate Beschätigung im Betriebs- oder Montagebüro.

28. Der Praktikant soll möglichst selbst mit zugreifen, doch darf er nicht wie ein bezahlter Arbeiter an seinen Platz gebunden und zur Leistung eines möglichst großen Quantums mechanischer Arbeit verpflichtet sein. Vielmehr soll ihm die Möglichkeit gegeben werden, sich gründlich umzusehen.

29. Da die zukünftigen Studierenden *in den meisten Fällen* von der Mittelschule nicht viel Vorkenntnisse mitbringen, dürfte es sich empfehlen, zunächst 2—3 Monate in der Schlosserei und Montage zu arbeiten, um die verschiedenen Maschinenteile und ihren Zweck kennen zu lernen. Hernach soll nach Möglichkeit in allen Werkstätten gearbeitet werden, die Dauer richtet sich nach Neigung der betreffenden Praktikanten sowie Anzahl der vorhandenen Werkstätten, die meiste Arbeitszeit ist jedoch in der Montage- und Schlosserei und an der Werkzeugmaschine zu verbringen (mindestens die Hälfte) außerdem ca. 4—6 Wochen Maschinenschmiede, 4 Wochen Modelltischlerei, 8 Wochen Gießerei, 4 Wochen bis 2 Monate Kraftzentrale oder dergleichen Betriebe, in denen Kraftmaschinen zu bedienen und zu überwachen sind.

30. Die Verteilung der praktischen Tätigkeit innerhalb des einen Jahres ist m. E. am besten folgende: etwa 3 Monate Eisen und Metallgießerei, Formerei und Modellschreinerei; 1 Monat Schmiede; 3 Monate Metallbearbeitung, Dreherei, Fräserei usw.; 3 Monate Schlosserei und 2 Monate Montagearbeit.

Es ist wesentlich, daß der Auszubildende genau dieselbe Arbeitszeit inne hält wie die Arbeiter. Es ist kein Gewicht auf die Erreichung manueller Fertigkeiten zu legen.

31. Das Kennenlernen der Beamten und Arbeiter in einem Fabrikbetriebe geht meines Erachtens beim Erlernen der Arbeitsvorgänge ganz von selbst vor sich, so daß sich da eine spezielle Trennung erübrigt.

Zuerst kurze Zeit Schlosserei, dann Montage, damit der Mann sieht, w a s bei der ganzen Sache herauskommt, dann Modelltischlerei und Gießerei als die eigentliche Hauptsache, denn da lernt er Raumvorstellung, die Grundlagen des Konstruierens, dann mechanische Werkstätte, möglichst an verschiedenen Werkzeugmaschinen, dann etwas Kupferschmiede und Kesselschmiede (wenig Schmiede) und dann wieder Montage, damit er mit dem schon etwas geschärften Blick nun wirklich sieht, w i e montiert wird.

Ich habe die Kesselschmiede nach der mechanischen Werkstatt gesetzt, und würde auch nur einen kurzen Zeitraum hierfür bewilligen, da der Mann dann schon mit Werkzeugmaschinen bekannt ist, somit sich so nicht lange mit den einfachen Maschinen der Kesselschmiede aufhält, vielmehr sein Interesse dem reinen Handwerk widmen kann, um so schneller durchzukommen. Von einer wirklichen Betätigung in der Schmiede möchte ich ganz abraten, dies Handwerk ist so schwer zu erlernen, daß ein kurzfristiger Aufenthalt über eine Spielerei nicht hinausführt und außerdem an Maschinen und Einrichtungen, außer bei ganz großen Werken, meist nicht viel zu sehen ist, darum muß hier ein ganz kurzer Einblick genügen. Ich habe selbst die Schmiede einer großen Werft geleitet und gerade da an den Volontären nie viel Freude erlebt.

32. Die praktische Ausbildung soll in Betrieben erfolgen, die der Ausbildung der jungen Leute tatsächlich ihre Aufmerksamkeit zuwenden. Neben der praktischen Tätigkeit in Werkstatt und Büro sollte eine ergänzende mündliche Unterweisung der Praktikanten stattfinden (etwa nach Feierabend). Beides müßte von besonders qualifizierten Ingenieuren geleitet werden, die seitens des betr. Betriebes laufend mit dieser Aufgabe nebenamtlich betraut werden müßten und einen Teil des Lehrgeldes der Volontäre erhalten würden.

33. Der Plan für die praktische Ausbildung muß sich nach dem Aufbau der Fabrik, in dem sie erworben werden soll, richten. Im allgemeinen sollte wie an der Hochschule erst die Herstellung der Einzelteile und dann ihr Zusammenbau vorgeführt werden.

34. Der Anfänger ist hier der Aufnehmende, der Lernende und daher muß er sich in seinen Wünschen dem Betrieb anpassen und zu erfassen suchen, was irgend möglich ist. Bei der Kompliziertheit der meisten Betriebe werden sich bestimmte Vorschriften für die Verteilung des „Studien- und Arbeitsplanes“ schwerlich geben lassen, man könnte aber gewisse Richtlinien aufstellen für die verschiedenen Fachrichtungen, wie es auch in einigen Fabriken der Fall sein wird, kann aber von keinem Betriebsleiter verlangen, daß sie unbedingt eingehalten werden. Notwendig ist, daß der Lernende mit der Betriebsleitung die Fühlung hat, welche ihm rechtes Interesse erweckt und erhält; dadurch wird die Leitung auch an ihre Pflicht erinnert und sich mehr bewußt, daß die Pflege der Ausbildung im Interesse der eigenen Industrie liegt.

35. Die Ausbildungzeit sollte so geteilt sein, daß der Auszubildende einen Einblick in sämtliche Abteilungen des gewählten Betriebes, also nicht nur in die rein technischen, sondern auch in die kaufmännischen und verwaltungstechnischen Abteilungen gewinnt.

Die Ausbildung hat so vor sich zu gehen, daß zunächst die technischen Zweige des Betriebes in der für jeden Fall besonders festzulegenden zweckmäßigsten Reihenfolge ihre Erledigung finden und hiernach dem Auszubildenden noch genügend Zeit gegeben ist, die kaufmännische und verwaltungstechnische Seite des Betriebes kennen zu lernen.

36. Wie das Jahr eingeteilt wird, in welcher Reihenfolge die praktische Ausbildung vor sich geht, hat wohl weniger zu sagen, als wie der Umstand, wie der junge Mensch angeleitet wird, wen er zum Vorgesetzten erhält. Das wichtigste ist meiner Ansicht nach, daß der zukünftige Akademiker einen gebildeten Ingenieur zum Vorgesetzten erhält, der Ausbildung des Praktikanten, nicht seine An- oder Abwesenheit überwacht, der mehr ist, wie ein Kontrolleur.

37. ca. ¾ Jahr im Betriebe, ca. ¼ Jahr auf Montage. Die Praktikanten sollten dem Betriebsingenieur unterstellt sein und von diesem vielleicht wöchentlich einmal auf die verschiedenen Arbeitsvorgänge hingewiesen werden, im übrigen aber sollten sie wie jeder Lehrling praktisch in der Werkstatt mitarbeiten.

38. Die Ausbildung muß von einem akademisch gebildeten Ingenieur, der den Praktikanten dauernd Hinweise gibt und Rede und Antwort steht, in den angegebenen Richtungen (Fabrikbetrieb, Arbeitsvorgang, Beamte und Arbeiter) erfolgen.

39. Das erste zusammenhängende praktische Jahr wäre nach Möglichkeit wie folgt zu verteilen: 2 Monate Werkzeugsschlosserei, 2 Monate Dreherei, 2 Monate Schmiede, 2 Monate Tischlerei, 2 Monate Gießerei und 2 Monate Montageschlosserei. Ich halte es für das beste, während dieses ersten Jahres den Praktikanten vollkommen den betreffenden Vorarbeitern und den betreffenden Meistern zu überlassen, damit er genügenden Einblick in die Arbeitsverhältnisse bekommt. Die späteren ¼ jährlichen weiteren praktischen Ausbildungen während der Herbstferien haben dann wieder in der Montage-Abteilung zu geschehen. Durch die vorhergehenden Studiensemester wird dann der Praktikant sich von selbst mehr an die Beamten und Ingenieure halten und so das Fabrikwesen und die Organisation näher kennen lernen.

40. Die praktische Ausbildung geht am besten in der Weise von statten, daß die jungen Leute wirklich zu praktischer Arbeit gezwungen werden. Nach meiner Ansicht liegt der größte Mangel unserer akademisch gebildeten Ingenieure darin, daß sie die Arbeit des Handwerkers nicht richtig beurteilen können, weil sie sie selbst nicht genügend verstehen. Ich habe während der Schulferien von Sekunda bis Prima einschließlich in einer kleinen Werkstatt täglich von morgens 6 Uhr bis abends 7 Uhr arbeiten müssen und in dieser Zeit soviel gelernt, daß eine spätere Ausbildung in einer Königl. Eisenbahn-Hauptwerkstatt mir so gut wie nichts mehr bot. Ich habe dort nur das „Bummeln“ gelernt.

41. Es ist wünschenswert, auf Kosten einer ins einzelne gehenden Ausbildung dem Praktikanten ein möglichst großes und vielgestaltiges Arbeitsgebiet zu zeigen. Aus meiner Praktikantenzeit habe ich den Eindruck, daß eine einmonatliche Ausbildung in den einzelnen Werkstätten (Modellschreinerei, Gießerei, Dreherei, Schmiede, Schlosserei, Montagebau) genügt. Es ist zweckmäßig, diese Tätigkeit vor die Studienzeit zu legen (½ Jahr). Das zweite halbe Jahr sollte zeitlich nach der Studienzeit fallen. In diesem müßte es darauf ankommen, den Praktikanten den Betrieb von dem Standpunkt aus zu zeigen, wie er sich vom Meister darbietet. Er müßte als

Meisterassistent tätig sein und in erster Linie die Arbeitsorganisation, die Behandlung der Arbeiter und die Fabrikationsprodukte kennen lernen. Er könnte bei einem tüchtigen Meister eine Menge kritische Urteile hören und das wäre m. E. sehr viel wert.

42. Zunächst soll der Praktikant die hauptsächlichsten Zweige der Fabrikationsabteilungen (Schlosserei, Schmiede, Dreherei, Hobelei, Modelltischlerei, Formerei, Gießerei und Montage) kennen lernen und mit den daselbst vorzunehmenden Arbeitsvorgängen auch durch eigenes Handanlegen vertraut werden. Er soll die Arbeit anderer beurteilen lernen; die Erlangung einer handwerksmäßigen Fertigkeit ist nicht Aufgabe des praktischen Jahres. Dieser Teil der Ausbildung dürfte durchschnittlich ¾ Jahr erfordern. Als weitere Aufgabe des praktischen Jahres kommt hinzu das Eindringen in die Fabrikorganisation, daß heißt die Kenntnis der Arbeitsordnung, Löhnung, Akkordwesen, Rohstoffe (Verfolgung derselben in ihrem Gang durch die Werkstätten), Wohlfahrtseinrichtungen, soziales Empfinden der Arbeiter und Beamten. Dazu kämen noch Betrachtungen über die Beschaffung der für den Antrieb der Maschinen erfoderlichen Kraft, einfache Kalkulationen und Skizzierübungen.

43. Ich halte für den Maschineningenieur die Tätigkeit in der Schlosserei, und zwar namentlich in der Klein- und Mittelmontage, für besonders wichtig; danach käme Dreherei und Gießerei. Diese drei Werkstätten sollte jeder Ingenieur kennen; die übrigen Werkstätten halte ich für weniger allgemein wichtig; der Aufenthalt in diesen wird sich nach den vorhandenen Möglichkeiten richten müssen und können.

Zweckmäßig dürfte auch eine wenigstens kurze Tätigkeit in der Materialbestellstelle sein, diese Tätigkeit wird aber sinngemäß an das Ende der praktischen Ausbildung gelegt werden, da dem Praktikanten die Arbeitsmethoden dazu einigermaßen geläufig sein müssen.

Ich würde also als rohen Überschlag folgende Zeiteinteilung vorschlagen:

ca. 1 Monat vorbereitende Schlosserlehrlingstätigkeit,
ca. 3—4 Monate Montageschlosserei (eher mehr als weniger!),
ca. 2 Monate Dreherei,
ca. 2 Monate Gießerei,
ca. 2—3 Mon. div. andere Werkstätten (Schmiede, Tischlerei),
ca. 1 Monat Materialbestellung.

44. Unter der Voraussetzung eines normalen Betriebes halte ich die Einteilung einer Ausbildungszeit, wie sie die Vorschriften für den Staatsdienst im Baufache vorsehen, für angemessen. Als äußerst wünschenswert möchte ich erwähnen, daß die Volontäre, ganz abgesehen von ihrer momentanen Beschäftigung, zu den jeweils interessanten Vorkommnissen des Betriebes, große Transportversuche, Abnahmeversuche, Montagen und dergleichen, wenn irgend möglich, hinzugezogen werden. Der Eleve wird zweckmäßig in den einzelnen Werkstätten einem erfahrenen Arbeiter zugeteilt, der ihn anleitet und der ihn bei der Arbeit beobachtet.

45. Ich halte unter anderem die für die praktische Ausbildung der Maschineningenieure im höheren technischen Staatsdienst erlassenen Vorschriften für allgemein empfehlenswert für den Fall, daß der Praktikant ¾ Jahr in Privat-Firmen praktisch arbeitet und dann ¼ *Jahr in einer Staatswerkstätte. In der Privatfabrik* sind *Schlosserei, Dreherei, Schmiede, Modelltischlerei* und *Gießerei* zu absolvieren, im letzten Vierteljahr Montage und allgemeine Betätigung im Betriebe, Zurhandgehen bei der Betriebsleitung, Führung eines Geschäftsverzeichnisses mit periodischer Kontrolle desselben durch die jeweiligen vorgesetzten Betriebsleiter.

46. Die praktische Ausbildung der Hütteningenieure sollte wie folgt vor sich gehen: Zunächst die Arbeitsvorgänge in systematischer Reihenfolge, z. B. Formerei-Gießerei, Hochofen, Stahlwerk, Walzwerk, Laoratorium; später eine mindestens vierwöchentliche Tätigkeit im Kalkulationsbureau. Die Führung eines Beschäftigungsnachweises durch den Praktikanten und monatliche Kontrolle durch Vorgesetzte ist auch für Privatbetriebe zu empfehlen.

47. Zwei Monate Reparaturwerkstatt, ev. verbunden mit Zimmerarbeit, ein Monat Hochofen und Kokerei, drei Monate Martin-Stahlhütte und ev. Thomasstahlwerk, ein Monat Walzwerk, ein Monat Hammerwerk, ein Monat Modelltischlerei, zwei Monate Gießerei und Stahlgießerei, ein Monat Frischfeuerbetrieb. Grundsätzlich soll das erste Halbjahr angelegt, d. h. als Meister gearbeitet werden, besonders im Stahlwerk, um die körperlichen Anstrengungen genügend schätzen zu lernen. Im Reparaturbetrieb soll mit kleinen Arbeiten angefangen werden, z. B. Feilen, Bohren usw., und dann soll der Praktikant einem geschickten Reparaturschlosser beigesellt werden. Am Hochofen soll einige Zeit an der Wage zugebracht werden. In der Stahlhütte soll die Arbeit am Generator anfangen, als Einsetzer fortgesetzt und schließlich als Gehilfe des Gießmeisters enden. Im Thomaswerk ist die Zuteilung zu einer Reparaturkolonne wünschenswert, desgleichen eine kurze Beschäftigung in den Dolomitfabriken. Im Walzwerk soll weniger Wert auf die Kalibrierung als auf den

Transportprozeß gelegt werden. Das Hammerwerk soll die Bearbeitbarkeit verschiedenen Materials unter Berücksichtigung der Größe des Abfalls lehren. Die Modelltischlerei soll lediglich die praktischen Handgriffe erlernen lassen und vor allem dem Praktikanten Übung im Lesen von Zeichnungen beibringen. Im Gießerei- und vor allem Stahlgießereibetrieb soll besonderer Wert auf die Bereitung der Formmasse und auf die Abschätzung des Verhaltens verschiedener Eisen- und Stahlsorten Wert gelegt werden. Daneben soll im Praktikanten ein Gefühl für erreichbaren und nicht durchführbaren Guß erweckt werden, damit späterhin falsche Konstruktionen vermieden werden.

48. Zum besseren Verständnis der Vorlesungen über Technologie und Maschinenlehre, *die bereits im ersten Studienjahre stattfinden*, muß dem Studium *unbedingt eine gewisse praktische Tätigkeit* vorausgehen. Ein halbes Jahr in einer gut geleiteten und modern eingerichteten Fabrik halte ich für durchaus hinreichend. Ich halte es dabei nicht für nötig, daß der Eleve in diversen Handfertigkeiten wie Hobeln. Feilen usw. eine möglichste Vollkommenheit erreicht, sondern er soll unter der sachgemäßen Leitung eines eigens für die Ausbildung der Eleven angestellten Werkstätteningeniuers die Arbeitsvorgänge in den verschiedenen Werkstätten und vor allem sämtliche Typen von Werkzeugmaschinen gründlich kennen lernen. Auch muß der Eleve unbedingt in der Kraftzentrale einige Zeit zubringen, um mit dem Betriebe der Kraft und elektrischen Maschinen, der elektrischen Installation usw. vollkommen vertraut zu werden. Das zweite Halbjahr kann m. E. sehr wohl während der Ferien erledigt werden, und zwar sollte während derselben Werkstattskalkulation, Maschinenuntersuchungen im Prüffeld und dergleichen höhere Funktionen betrieben werden. Hierbei möchte ich noch auf folgendes aufmerksam machen. Bei der jetzigen Vorlesungs-Ordnung an der Charlottenburger Hochschule — und wohl auch an anderen Hochschulen — sind die Hörer gezwungen, *ihre* Studien im Oktober zu beginnen, da im April fast gar keine *Vorlesungen beginnen, sondern* die meisten von Oktober bis Oktober durchlaufen. *Dadurch sind* die Studierenden, die im März die Reifeprüfung bestehen, dann ein halbes Jahr praktisch arbeiten und die übrige Eleventätigkeit während der Ferien erledigen, den Oktober-Abiturienten, die wohl oder übel wohl ein ganzes Jahr hintereinander Volontär sein müssen, *im Vorteil.* Ließe sich da nicht Abhilfe schaffen, indem z. B. an den Hochschulen Halbjahrsvorlesungen eingeführt würden, wie dies in den Universitäten seit Alters her Brauch ist?

49. Das erste Jahr soll der reinen Praxis, der Arbeit in der Werkstatt, Modellschreinerei und Gießerei, sowie Einweihung in Fabrikation von Maschinen, und zwar nicht ausschließlich solche des etwa von vornherein gewählten Spezialberufes, gewidmet sein.

Das zweite Jahr soll ausgefüllt sein mit einer Beschäftigung im Elektrizitätswerk, wo eine jeweils vielleicht wöchentliche Orientierung im Kessel-, Maschinen-, sowie Schalttafelraum mit darauf folgender, etwa halbjähriger Tätigkeit im Montage- oder Projektierungsbureau einer Elektrizitätsfirma wichtig sein wird. Ist dem Praktikanten eine Beschäftigung im Prüfungsraum möglich, so bietet auch dies Vorteile.

50. Der Ingenieur beginnt auf dem Schnürboden mit dem Abschnüren des Schiffes und nimmt an der weiteren Fertigstellung desselben Schiffes bis zur Probefahrt teil. Wegen der Bauzeit eignet sich am besten eine mittlere Werft. Der Beginn der praktischen Tätigkeit fängt also am besten dann an, wenn mit dem Bau des Schiffes begonnen wird. Das Studium der Arbeitszeichnungen ist dabei besonders zu empfehlen.

51. Wenn ich im folgenden eine Reihenfolge der von dem Praktikanten zu durchlaufenden Werkstätten gebe, so bin ich mir bewußt, daß es nicht immer möglich, oftmals auch nicht ratsam sein wird, eine ganz bestimmte Reihenfolge unter allen Umständen sklavisch einzuhalten. Vor allem ist es meiner Ansicht nach notwendig, daß der Praktikant einen Betriebsingenieur hat, der beurteilen kann, was für den angehenden Diplom-Ingenieur von Wert ist. Ferner muß der Praktikant sich vor Augen halten, daß es sich für ihn nicht darum handelt, ein gelernter Schlosser oder Tischler zu werden, sondern daß ihm das Praktikantenjahr nur das Verständnis für das spätere Hochschulstudium vermitteln soll. Dringend notwendig erscheint es mir, daß ähnlich, wie schon bei der Lehrlingsausbildung dem Praktikanten mehrmals in der Woche eine Art leicht faßlicher theoretischer Unterricht gegeben wird, der sich nicht nur mit den rein theoretischen Fragen beschäftigen darf, sondern auch mit der gesamten Fabrikorganisation und auch mit dem Versicherungswesen, damit der Praktikant schon mit Beginn seiner Laufbahn erkennen lernt, daß er sich nicht zum „nur Ingenieur" ausbilden soll, sondern daß man von ihm auch kaufmännische u. dergl. Bildung verlangt.

Für Maschinen- und Schiffsmaschinenbauer möchte ich vorschlagen, daß zuerst in der Gießerei begonnen wird. Hierauf folge die Tischlerei und dann werde der Praktikant bei einer ihm leicht verständlichen Montage beschäftigt. Danach würden zu folgen haben die Schlosserei, Dreherei, gegebenenfalls auch noch weitere Spezialwerkstätten und zum Schluß eine größere Montage, an deren Ende der Praktikant auch mit der Bedienung der Maschine (vielleicht auch Kessel) bekannt gemacht wird. Da nicht immer jede Zeit, die ein Praktikant in einer Werkstätte zubringt, sich für ihn als nutzbringend erweist, weil vielleicht flaue Zeit in einer Werkstatt ist, so werden derartige Lücken am besten durch Beschäftigung in einem kaufmännischen oder Betriebsbüro oder Zeichenbüro ausgefüllt. Nach meinen Erfahrungen erscheint gerade diese mannigfaltige Abwechselung mir das gegebene zu sein, um den Praktikanten für seine Ausbildung zu interessieren.

Für Schiffbauer erscheint mir folgende Reihenfolge richtig: *Schiffstischlerei und Schiffsausbau, Schnürboden und Eisenschiffbau,* gegebenenfalls auch, wenn Gelegenheit vorhanden, Bootsbau; fernerhin Montage sowie einige für ihn besonders in Betracht kommende Spezialwerkstätten (Schlosserei, Dreherei, Schmiede). Im übrigen gilt für ihn betreffs der kaufmännischen Ausbildung das schon oben Gesagte.

III. Zu Frage IV: Wann soll die praktische Tätigkeit erfolgen?

Bei dieser Frage gehen die Meinungen sehr stark auseinander, wie die folgenden Äußerungen erkennen lassen:

12. Die praktische Ausbildung soll m. E. am besten geteilt erfolgen und zwar derart, daß der erste Ausbildungsabschnitt, in welchem sich der Praktikant mit den einzelnen Verfahren und Werkzeugen im allgemeinen vertraut machen soll, dem Studium vorangeht und so eine Vorbereitung zum besseren Verständnis der Vorlesungen, namentlich aber auch zu den Konstruktionsübungen an Maschinenelementen usw. dient.

Der zweite Abschnitt könnte in die letzten Semester des Studiums, u. a. auch hinter dieses gelegt werden. (In diesem Falle könnte die Diplom-Prüfung vielleicht abgelegt, das Diplom aber bis zur vollen Ableistung der praktischen Tätigkeit an der Hochschule inne behalten werden.)

35. Es ist entschieden eine geteilte praktische Ausbildung anzuraten, die in einer Weise vorzunehmen ist, daß die Hauptausbildung — mindestens ein Jahr — in den technischen Grundlagen vor dem Studium, dagegen die weitere Ausbildung auf Gebieten, für die ein vorheriges Studium von besonderem Wert ist, während der Studienzeit erfolgt. Die Ausübung der gesamten praktischen Tätigkeit während des Studiums ist m. E. sehr unzweckmäßig.

49. Ich halte unbedingt eine Teilung der praktischen Tätigkeit für notwendig. Wenn der Abiturient von der Schule kommt, und sofort ohne Praxis zur Hochschule geht, so wird es ihm Schwierigkeiten bieten, in einzelne Fächer einzudringen; während andererseits das Verständnis ein besseres sein wird, wenn in der vorbildenden Praxis ein gutes Fundament für die Ausbildung des Ingenieurs gelegt wird. Hierunter sind die gerade in den ersten Semestern gelesenen Fächer zu erwähnen. Technologie, beschreibende Maschinenlehre, Maschinenelemente und Mechanik. Auch gesundheitlich ist es vorteilhafter und eine willkommene Abwechslung ist es für den Jünger der Technik, wenn er nach bestandenem Examen von der Schule kommend mit Freuden zunächst in die Praxis geht und dort die grundlegenden Kentnisse für seinen zukünftigen Beruf gewinnt. Die ersten Semester bringen ohnehin auf der Hochschule wieder so manches in Mathematik, Geometrie, Physik und Chemie, was ihm in vieler Beziehung bekannt, aber dennoch, nachdem er ein Jahr der Praxis hinter sich hat, werden die von den Dozenten den Bedürfnissen der Technik angepaßten Vorträge ein Interesse für den Studierenden bringen.

Wird nun nach etwa zwei Jahren das Studium unterbrochen, und eine einstweilen mehr als Hilfsarbeiter ausfüllende Stellung an einem Projektierungsbüro angenommen, wofür ein entsprechendes Entgelt schon verlangt werden könnte, so findet der Techniker bei ernster Auffassung seines Berufes während dieses Jahres reichlich Gelegenheit, sein weiteres Studium zu erleichtern, die Vorträge der letzten Semester und die Arbeiten im Laboratorium oder Praktikum erscheinen faßlicher. Für diese zweite praktische Ausbildung ist eine Beschäftigung bei einer Anlagen ausführenden Firma oder bei einem größeren Projektierungs- oder Konstruktionsbüro empfehlenswert. Hierbei soll aber der Techniker nicht einer speziellen Aufgabe nachkommen, sondern so weit wie irgend möglich sich Eingang in verschiedene Aufgaben verschaffen.

57. Meiner Ansicht nach ist die Verteilung zur Hälfte vor und zur Hälfte während des Studiums durchaus zweckmäßig. In erster Linie ist die praktische Tätigkeit nach der langen Schulzeit eine wahre Erholung für den Körper. Dann erhält der sehr aufnahmefähige Eleve oder Studiosus eine ungeheure Menge von praktischen Kniffen, Handhaben und Anschauungen, die ihm nachher beim beginnenden Studium von großem Wert sein und ihm dasselbe erleichtern werden.

Hat er dann einige Zeit Theorie getrieben, gezeichnet und auch Versuche gemacht, so wird ihm alles dieses wieder bei der folgenden zweiten Hälfte der praktischen Tätigkeit nützlich erweisen, indem der Praktikant jetzt die Dinge in der Werkstatt mit kritischerem Blick erfassen wird. Es wäre vielleicht von Vorteil, diese zweite Hälfte ungeteilt absolvieren zu lassen, z. B. nach dem Vorexamen, und nicht in kleineren Etappen während der Sommerferien. Wird dem Praktikanten hierdurch allerdings ein Semester für das Studium, scheinbar, verloren gehen, so dürfte es sich erstens bezahlt machen dadurch, daß sich mehr gewohnheitsmäßig bei längerem Verweilen im Betriebe die wertvollen Eindrücke der Praxis fester einprägen als bei kürzerem Aufenthalt, der auch stets noch durch ca. einjährige Pausen unterbrochen wird. Das verlorene Semester dürfte dadurch wieder wettgemacht werden, daß gegebenenfalls die jetzt freien langen Sommerferien zur Fertigstellung von Zeichnungen eventl. benutzt werden können, so daß auch das Gesamtstudium nicht länger als bisher ausgedehnt zu werden braucht; denn mit acht Semestern kommt doch auch bisher nur ein geringer Prozentsatz aus.

Die Ausbildung während des Jahres hat m. E. so zu erfolgen, daß der Praktikant mit allen Gebieten des Betriebes vertraut wird, indem er vor allem selbst mitarbeitet, aber andererseits genügend Zeit findet, die gesamte Arbeit des betreffenden Teilbetriebes und das Ineinandergreifen der einzelnen Teilbetriebe in einander praktisch studieren zu können. Bezüglich der Innehaltung der Arbeitszeit soll er vollständig an die Betriebsordnung gebunden sein, nur daß ihm innerhalb dieser gewisse Freiheiten, die im Sinne seiner Ausbildung liegen, gestattet werden.

54. Ich bin für die Teilung der praktischen Ausbildung und zwar grundsätzlich so, daß die erste Hälfte vor dem Studium mehr dem Erwerbe technologischer Kenntnisse, die zweite Hälfte nach der Vorprüfung vorwiegend der Montage ganzer Maschinen und Anlagen, sowie der Organisation gelten soll. Die gegenseitige Befruchtung von Studium und praktischer Ausbildung ist dann gewährleistet. Um diesen Grundsatz durchzuführen, müßte er aber allgemein anerkannt werden, damit ihm die technischen Hochschulen mit ihren Studienplänen Rechnung tragen.

4. Es würde sicher am vorteilhaftesten sein, wenn ein Teil der praktischen Tätigkeit vor das Studium fiele, und der andere Teil während des Studiums abgeleistet würde. Es müßte jedoch auch gestattet sein, die ganze praktische Tätigkeit vor dem Studium abzulegen.

Für ganz falsch halte ich es, wenn man von dem Gymnasium direkt auf die Hochschule geht. Denn viele der Abiturienten, die das humanistische Gymnasium besucht haben, haben niemals ein Stück Eisen schmieden, drehen oder anbohren gesehen und würden sich daher in manche der Vorlesungen überhaupt nicht hineindenken können.

5. Es ist zweifellos, daß eine vorangehende Praxis den Studierenden bedeutend fördert. Andererseits ist er bei der Neuheit des Gesehenen nicht in der Lage, das Wichtigste vom Unwichtigen zu trennen. Er wird nicht immer den vollen Gewinn von dem praktischen Jahre haben. Es ist daher vorzuziehen, einen Teil der praktischen Tätigkeit vor der Studienzeit, den Rest während derselben abzuleisten. Und zwar scheint die Zeit nach dem Vorexamen in jeder Hinsicht hierzu geeignet. Nach den Examensanstrengungen ist ein Ausgleich durch praktische Tätigkeit sehr notwendig. Das Verständnis für die Erscheinungen und Konstruktionen in der Werkstatt ist bedeutend größer wie vor dem Studium. Der Praktiant hat Gelegeheit, viele theoretische Kenntnisse an den Ausführungen zu prüfen.

8. Das erste Halbjahr vor dem Studium, das andere nach Ablegung des Vorexamens, gleichgültig ob hintereinander oder während der Ferien; *diese letztgenannte Wahl hängt sehr davon ab, ob* die Ferien zum Nachholen von *Studienzeichnungen benutzt* werden müssen oder nicht; die Wahl müßte also offen bleiben.

9. Zur Hälfte vor dem Studium, zur Hälfte nach dem dritten Studienjahr; beide Hälften ungeteilt, damit der Eleve Zeit hat, sich in die Verhältnisse der Fabrik einzuleben. Nach dem dritten Studienjahr ist die allgemeine technische Ausbildung abgeschlossen und dürfte dann das meiste Verständnis für die Ergänzung der theoretischen Kenntnisse durch die praktische Tätigkeit vorliegen.

14. Die zeitliche Verteilung der Ausbildung hat bereits an anderer Stelle ihre volle Würdigung gefunden. Es sei wiederholt, daß die generelle Ausbildung des ersten halben Jahres unbedingt vor dem Hochschulstudium zu erfolgen hätte, indem es das Verständnis in praktischen Dingen auf der Hochschule erst wirksam gestaltet, das zweite Halbjahr indessen während des Studiums, da theoretische und praktische Erwägungen und Streitfragen in willkommener Weise zum Ausdruck und Ausgleich gebracht werden können. Der eventl. für notwendig erachtete Wechsel des früheren Arbeitsfeldes kann gleichzeitig mit der Teilung der Ausbildungszeit vorgenommen werden und kann von einer fürs spätere Erwerbsleben nutzlos verschwendeten praktischen Arbeitszeit *nachgerade nicht mehr* die Rede sein.

29. Die ganze Tätigkeit vor Beginn des Studiums zu erledigen, halte ich für äußerst unzweckmäßig, da der Praktikant die Betriebe gar nicht überschauen kann, unwillkürlich auf Erreichung großer Handfertigkeiten großen Wert legt, das Wichtige und Interessante nicht erkennt und würdigen kann. Da in den ersten Semestern während des Studiums überall Maschinenzeichnen stattfindet, so könnte man, falls mit diesen Übungen nur Vorlesungen über Metallbearbeitung verbunden wären, auf eine Tätigkeit vor dem Studium verzichten. Auf alle Fälle halte ich eine Tätigkeit von zwei Monaten für ausreichend, um einen zum besseren Verständnis der Vorlesungen genügenden Überblick über die Betriebe zu erhalten, zumal vor dem Vorexamen meistens nur vorbereitende Vorlesungen gehört werden. Ich halte ein zweimonatige Tätigkeit in den ersten Sommerferien, eventl. zwei Monate in den zweiten, sechs Monate zusammenhängend nach dem Vorexamen und zwei bezw. vier Monate in den Sommerferien nach dem Vorexamen für zweckmäßig. Eine Tätigkeit nach dem Vorexamen, also während des eigentlichen Fachstudiums, ist meiner Ansicht nach direkt erforderlich, da nur auf diese Weise der Studierende Theorie und Praxis vereinen kann; so kann das in der Hochschule Gelernte mit dem in Wirklichkeit Ausgeführten verglichen werden, wobei ihm manches bisher Unverständliche klar werden wird. Außerdem hat er inzwischen mehr Menschenkenntnis erworben, so daß er die Arbeiter und ihre Bestrebungen besser erkennen und beurteilen kann.

43. Ganz unzweifelhaft halte ich die Teilung der praktischen Arbeit für zweckmäßig. Vor dem Studium sollte der Studierende bereits Maschinenteile gesehen und in Händen gehabt haben; er muß bereits die Teile, die er theoretisch behandelt, sich technisch vorstellen können. Studierende ohne Praxis können das naturgemäß fast nie. Außerdem bringt die Studierende aus der Praxis bereits eine wichtige Fertigkeit im Lesen von Zeichnungen mit, die ihn befähigt, auch für die Praxis brauchbare Zeichnungen herzustellen.

Der Anfänger wird in der Werkstatt zunächst nur ein handwerksmäßig-verständiges Umgehen mit Material und Maschinenelementen zu lernen brauchen; Eingehen auf kompliziertere Zusammenhänge, also auf Arbeitsweise kompletter Maschinen und auf verwickelte theoretische Vorgänge, sind nicht von ihm zu erwarten und sind auch zunächst nicht nötig. Hierzu gibt ihm das erst beginnende und allmählich fortschreitende Studium die Mittel in die Hand. Deshalb ist eine Teilung der Zeit erforderlich. Deshalb auch ist das häufig geübte Arbeiten während der Ferien zu begrüßen, also eine weitere zeitliche Unterteilung des praktischen Arbeitens. Der denkende Studierende wird gerade während seines Studiums sehen, wo ihm noch die Werkstattanschauung fehlt, und wird dann in der Lage sein, das Fehlende während der nächsten Ferien zu ergänzen.

Aus dieser Überlegung ergibt sich auch die Einteilung der Zeit: die Schlosserausbildung, die im wesentlichen die handwerksmäßige Anschauung bilden und die auch notwendige Handfertigkeit entwickeln soll, wird naturgemäß vor das theoretische Studium gehören; Dreherei und Gießerei, die bereits Verständnis für die Verfahren und Maschinen voraussetzen, dienen als Anschauungsstätte im Rahmen des Studiums, als Ergänzung des mechanisch-technologischen Laboratoriums. Sie sind also während des Studiums oder danach durchzunehmen. Ebenso Materialbestellwesen und was sonst zu Betriebsleitung und Verwaltung gehört (Verwaltungs- und Betriebsingenieure).

61. In der Hauptsache sollte die praktische Tätigkeit vor dem Studium oder nach der Vorprüfung erfolgen, wenigstens ein halbes Jahr ununterbrochen. *Ein Aussetzen der Kopfarbeit nach dem langen Gymnasial- oder Realstudium ist m. E. unbedingt erforderlich und* da das Militärjahr erfahrungsgemäß leider nur für den beruflich fertigen Einjährigen erfolgreich ist, so kommt dies weniger als Unterbrechung der Kopfarbeit in Betracht als das praktische Jahr. Ich halte für am besten folgende Verteilung:

Ein halbes bis ein Jahr praktische Tätigkeit zwischen Abiturium und Hochschule, dann noch möglichst oft in den großen Ferien, wenn letzteres auch nur zwei Monate sind. Solche zwei Monate genügen gerade für eine Werkstätte. Ein Wiederkäuen der Semesterarbeit in den Ferien halte ich für falsch. Höchstens dürfte ein Teil derselben für Zeichenarbeit ausgenutzt werden.

60. Wenn die praktische Arbeitszeit vor dem technischen Studium absolviert wird, so geht der Praktikant an vielem Wissenswerten achtlos vorüber und hat nicht den Nutzen, den er bei schon vorhandener technischer Vorbildung aus seiner praktischen Arbeit ziehen könnte. Wird die praktische Arbeitszeit nach dem Vorexamen absolviert, so fehlt dem Studierenden vielfach das praktische Verständnis. Es erscheint daher wünschenswert, daß sechs Monate der praktischen Arbeitszeit vor Beginn des Studiums und die übrigen sechs Monate während der *Studienzeit absolviert werden.*

56. Ein halbes Jahr vor dem Studium, *ein halbes Jahr in Zeit*abschnitten von je zwei Monaten während der großen Hochschulferien, weil eine gewise praktische Erfahrung vor dem Studium erforderlich ist und in den zwei Monaten nach je einem Hochschuljahre die theoretischen Kenntnisse in der Praxis weiter *gebildet* werden können, ohne daß durch eine längere Unterbrechung des Studiums durch praktische Arbeit die theoretischen Kenntnisse beeinträchtigt werden.

26. Das Verlegen der praktischen Tätigkeit vor das Hochschulstudium rechtfertigt sich meiner Ansicht nach nur dann, wenn schon einige, auf irgend einem Wege erworbene technische Kenntnisse vorhanden sind, so daß der Praktikant nicht ebenso vorurteilslos in die Werkstatt kommt, wie ein angehender Handwerkslehrling. Jedenfalls halte ich eine geteilte praktische Tätigkeit in allen Fällen für das Richtige.

Ich würde es für gut halten, wenn der junge Student nach Abschluß der Mittelschule gleich auf die Hochschule ginge, um hier zunächst ein oder zwei Semester möglichst nur allgemeine technologische Vorlesungen hören würde, in denen ganz besonders auch auf die Werkstattstechnik hingewiesen werden und praktische Winke zur möglichst vorteilhaften Gestaltung der praktischen Tätigkeit gegeben werden müßten. Ferner hätte er in den ersten Semestern natürlich sich im technischen Zeichnen, Aufnehmen von Maschinen usw. zu üben, sowie Vorlesungen über Volkswirtschaft, soziale Fragen, Geschäftskunde usw. zu hören. Dann käme eine (mehr vorbereitende) praktische Tätigkeit von vielleicht ¾ Jahr, worauf das Studium fortzusetzen wäre, — im allgemeinen nach den üblichen Studienplänen. Der größere Teil der Hochschulferien (oder auch ein das Studium nochmals unterbrechendes halbes Jahr) wäre zu weiterer praktischer Tätigkeit zu verwenden. Ganz besonders die Praxis in den Montagewerkstätten würde zweckmäßig auf die betreffenden Fachvorlesungen folgen oder ihnen unmittelbar vorangehen, so z. B. eine Motorenmontage nach dem Semester, in welchem Vorträge über Motorenbau gehört und Konstruktions-Übungen hierüber belegt werden.

Nach dem Diplomexamen sollte der junge Ingenieur im allgemeinen gleich in die Praxis eintreten können (oder vorher noch sein Jahr beim Militär dienen), doch wäre eine weitere Werkstattstätigkeit auch nach dem Diplom in manchen Fällen ratsam, so z. B. gewissermaßen als Sprungbrett für Anfangsstellungen im Betrieb usw.

22. Die praktische Tätigkeit vor das Studium zu verlegen, halte ich für ganz falsch, weil der Praktikant die Gesichtspunkte noch gar nicht kennt, unter denen seine Ausbildung erfolgen soll. Die Arbeitsmaschinen, die Arbeitsvorgänge sind ihm spanische Dörfer, bis er sich einigermaßen klar geworden ist über die verschiedenen neuen Bilder, erscheint schon wieder ein anderes. Die praktische Tätigkeit nach dem zweiten Studienjahr zu verlegen, spricht am meisten für sich. Einerseits hat man auf der Hochschule die Anfangsgründe, die Konstruktionseinzelheiten gelernt, andererseits kann es nichts schaden, wenn man einmal etwas aus dem Studieren herausgenommen wird. Ferner hat es noch das Gute gegenüber einer Tätigkeit nach dem Studium, daß man eben mit dem Studieren auch wirklich fertiger Ingenieur ist. Vielfach praktiziert man in einer Fabrik, in deren Dienste man später übertritt. Es ist dann immer besser, wenn nicht einer heute Praktikant und morgen Ingenieur für dieselbe Abteilung ist. Außerdem ist das Praktizieren sicher noch angenehmer, wenn man ein paar Jahre jünger ist.

7. Vor dem Studium, da sonst entweder das Studium zerrissen, oder die praktische Lehrtätigkeit gestört wird.

55. Die praktische Tätigkeit soll *ganz oder zum größten Teil vor dem Studium erledigt werden. Wenn aus Gründen der Zeit*ersparnis Ferien mit herangezogen werden sollen, so würde ich die zunächst auf das Vorexamen folgenden Sommerferien für die Ableistung des Restes des praktischen Jahres empfehlen, da dann schon mit einem kritischen Verständnis für die Arbeitsvorgänge gerechnet werden kann.

6. Die praktische Tätigkeit soll vor dem Studium erfolgen. Ich bin dafür, daß sie während der Ferien jederzeit Ergänzung findet, bin aber dagegen, daß die praktische Tätigkeit geteilt wird.

2. Eine Teilung der praktischen Tätigkeit halte ich nicht für angebracht, da nach meiner Erfahrung nach dem Studium das Interesse für rein manuelle Fertigkeit, wie sie in dem praktischen Jahr erstrebt wird und für den späteren Beruf notwendig ist, nicht mehr oder nicht genügend vorhanden ist. Dagegen halte ich nach Vollendung des Studiums ein halbes Jahr praktischer Ausbildung für angebracht. Diese praktische Ausbildung wird dadurch erfolgen können, daß der junge Ingenieur Gelegenheit findet, sich in den verschiedensten Betrieben kurze Zeit umzusehen und mit ihnen eingehend zu beschäftigen, die mit seinem Berufe zusammenhängen. Das würden für den Maschineningenieur *in erster Linie Kohlenzechen, Eisen*hütten, Kokereien, elektrotechnische Werke etc. des *In- und Aus*landes sein. Diese Ausbildung denke ich mir ähnlich, wie sie jetzt bei den jungen Juristen angestrebt wird. Auch hier müssen sich Werke bereit finden, die geeignete Beamte zur Verfügung stellen, welche die Einführung und Belehrung übernehmen. Auch eine Tätigkeit in einem Bankgeschäft oder sonstigem kaufmännischen Betriebe würde ich für zweckmäßig halten. Auch hier könnte der Staat eingreifen, weniger durch geldliche Beihilfe, die von dem auszubildenden

Ingenieur selber aufzubringen wäre, als durch Ausfindigmachen von den Betrieben, die sich zu derartiger Ausbildungstätigkeit bereit erklären. Diese Zeit würde nicht nur den Vorteil für den jungen Ingenieur haben, seinen Blick zu erweitern, sie würde ihm auch Gelegenheit geben, Beziehungen anzuknüpfen, die ihm die schwierige Wahl der Anfangsstellung erleichtern.

3. Nach meiner Ansicht sollte die gesamte praktische Tätigkeit vor dem Studium liegen. Das Studium selbst nimmt soviel Zeit in Anspruch, daß man vor allem die Ferien damit nicht belasten sollte. Die Ferien sollen ja auch zur Ausfüllung der während des Studiums entstehenden Lücken, auch zur Erholung, zu Reisen, zu Beschäftigung mit anderen Wissensgebieten dienen, und sie haben schließlich auch noch den nicht zu unterschätzenden Wert, daß sie den jungen Leuten wieder den moralischen Halt im Elternhause geben.

Eine Verlegung eines Teils der Zeit nach dem Studium halte ich nicht für zweckmäßig, namentlich dann nicht, wenn, wie zu erhoffen steht, ganz allgemein nach dem Studium noch eine Art Volontär- oder Assistentenzeit für den jungen Diplom-Ingenieur eingerichtet wird, die ihm den Übergang vom Studium zur reinen Berufstätigkeit erleichtert, in ähnlicher Weise wie dies beispielsweise bei dem Arzt der Fall ist.

44. Ich bin für eine ungeteilte Arbeitszeit vor dem Studium. Die Ferien sind m. E. nicht zur Ausnützung der Praxis, sondern zur Vertiefung des Inhalts der Vorlesungen vorhanden. Ich glaube, daß der Ausfall des Vorexamens sich bedeutend bessern würde, falls die Zeiteinteilung in dieser Art gehandhabt würde.

40. Die praktische Tätigkeit sollte vor dem Studium ausgeübt werden mit dem Ernst des Arbeiters, der eine zahlreiche Familie damit ernähren muß. Von der sogenannten „orientierenden Tätigkeit" halte ich wenig. Diese kann nur der bereits erfahrene Mann mit Erfolg ausüben. Der Neuling wird im günstigsten Fall einige zutreffende Einzelheiten richtig auffassen, im großen und ganzen aber zu schiefen Urteilen gelangen, je nachdem ihn der Zufall nach dieser oder jener Richtung hinführt. Mancher Arbeiter wird auch stets geneigt sein, ihn unvollkommen oder gar irreführend zu belehren, wenn ihm Gelegenheit dazu geboten wird.

34. Das praktische Jahr sollte möglichst dem Studium vorangehen, damit der Studierende einen möglichst tief eingeprägten Begriff von den Vorgängen im Industrieleben zum Studieren mitbringt. Er steht dadurch dem Studium etwas freier gegenüber und die Art, wie er seine künftige Laufbahn, seinen Beruf ansieht, wird nicht mehr nach Beendigung des Studiums rein theoretisch sein. Hinzu kommt das Moment, daß der Lernende nicht zugleich Kritiker sein kann. Er hat sich in erster Linie den ihm neuen Verhältnissen anzupassen und an der Verarbeitung der neuen Eindrücke genug zu schaffen. An irgend eine positive Leistung in kritischer Beurteilung wird ein Betriebsleiter nicht recht glauben.

32. Keinesfalls während der Ferien, die zur Erholung des ohnehin stärker als andere Studenten belasteten Technikers, sowie zur Erweiterung der allgemeinen Bildung, Reisen, und schließlich zur Verarbeitung der Vorlesungen dienen sollen und müssen. Die Ausnutzung der Ferien zur praktischen Arbeit läßt die Leute noch mehr und früher zum reinen Fachmenschen werden, als dies ohnehin der Fall ist. Auch die Absolvierung militärischer Übungen während der Ferien ist vorteilhaft, da solche später oft störend empfunden werden

59. Die praktische Arbeitszeit soll dem Studium vorangehen. Während der Arbeitszeit soll durch besonders angestellte Lehrkräfte eine geeignete Unterweisung in Anlehnung an die praktisch auszuführenden Arbeiten erfolgen. Diese Ergänzung erscheint mir deshalb notwendig, weil der Arbeiter zur Unterweisung wenig Lust und Zeit hat und noch weniger dazu geeignet ist. Da es meines Erachtens nicht so sehr darauf ankommt, daß der Praktikant die technischen Handfertigkeiten erlernt, sondern nur die hauptsächlichsten Herstellungsmethoden der Fertigfabrikate kennen lernt, so ist während der praktischen Arbeitszeit genügend Gelegenheit, viele Lehrgegenstände der Hochschule bereits hier vorweg zu nehmen und so die Hochschule zu entlasten (z. B. Fabrikbetriebe, einzelne Kapitel der mechanischen Technologie, Arbeitergesetzgebung usw.).

Die Unterweisung durch Lehrkräfte hätte entweder in besonderen den Fabrikbetrieben angegliederten Lehrwerkstätten oder noch besser in der Werkstatt zu bestimmten Zeiten täglich oder wöchentlich zu erfolgen. Die Unterweisung an Hand praktischer Beispiele muß einen bedeutenden Vorteil gegenüber der bisherigen Lehrmethode an der Hochschule haben.

21. Meines Erachtens ist es am vorteilhaftesten, wenn die praktische Arbeitszeit dem Hochschulunterricht vorangeht; denn der Einwand, daß ein vorangehendes Studium die kritische Beurteilung der Arbeitsvorgänge erleichtert, dürfte wohl nur dann in Frage kommen, wenn ein mindestens viersemestriges Studium absolviert ist, weil in den ersten vier Semestern meist nur theoretisch, d. h. mathematische, mechanische, physikalische etc. Fächer behandelt werden. Von diesem Standpunkt betrachtet, dürfte es wohl auch angebracht sein, wenn ein halbes Jahr der praktischen Tätigkeit vor Beginn des Studiums, der Rest in den Pausen zwischen den letzten Semestern absolviert wird. Dagegen spricht aber, daß an manchen Hochschulen die Studierenden gerade in den Ferien zwischen den letzten Semestern gezwungen sind, die zeichnerischen Aufgaben für die Prüfungen zu erledigen. Hin und wieder werden diese großen Ferien auch von den Studierenden dazu benutzt, als Praktikanten bei größeren Firmen für einige Monate tätig zu sein, ein Entschluß, der m. E. wohl zu billigen ist und in die Praxis herübergehende Diplom-Ingeiure nicht völlig fremd und hilflos im Technischen Büro erscheinen läßt.

20. Die praktische Tätigkeit muß unter allen Umständen ganz oder teilweise dem Studium vorangehen. Ich halte an dieser Auffassung als einem Axiom fest. Wer auf die Hochschule kommt, ohne die praktische Tätigkeit kenen gelernt zu haben, tut dasselbe, als wenn einer versuchen wollte, auf dem Lande schwimmen zu lernen. Alle Vorstellungsgabe und alle technische Vorbegabung nutzt nicht, weil die Begriffe der neuen Welt einfach fehlen. Am besten halte ich die Verteilung allerdings so, daß ein halbes Jahr der praktischen Tätigkeit vor dem Studium, das zweite halbe Jahr nach dem Vorexamen zurückgelegt wird. Dann ist eine vollständige Ausnutzung möglich, weil zu den vorbereitenden Fächern bis zum Vorexamen die Anschauung der Werkstattsvorgänge da ist, und weil für die zweite praktische Tätigkeit nach dem Vorexamen das Verständnis für die Werkstattsvorgänge bereits vorhanden ist.

58. Ein Jahr vor dem Studium. Praktische Arbeit während des Studiums halte ich nicht für wünschenswert. Eine etwaige Ferienpraxis absolvieren die Studierenden am besten in einem technischen Büro, da sie dann Büropraxis erlangen und bei ihrem Eintritt in die Praxis nach absolviertem Diplomexamen sich schon einige Kenntnisse angeeignet haben.

Es schädigt das Ansehen der Diplomingenieure, wenn sie sich *aus Mangel an Erfahrung* von jungen Fachschülern, die eine längere Büropraxis haben, erst unterweisen lassen müssen.

Nach dem Studium wäre eine halbjährige Praxis in der Montage wünschenswert, da dann erst eine erfolgreiche Kritik der Arbeitsvorgänge stattfinden kann.

Diese kann nicht stattfinden, wenn der Studierende in den ersten drei Jahren je zwei Monate während der Ferien praktisch in einer Werkstätte arbeitet.

62. Vor dem Studium muß mindestens die Hälfte der praktischen Arbeitszeit liegen. Bei praktisch veranlagten Menschen kann ohne Bedenken die ganze Zeit vor das Studium gelegt werden, weil es in seiner Natur liegt, einmal Gesehenes zu behalten. Die Zeit während der Ferien der Hochschulzeit wird besser zur Durcharbeitung des Pensums des vorangegangenen Semesters benutzt.

Ob das Jahr zu teilen ist oder nicht, wird in erster Linie davon abhängen, ob das Abiturientenexamen Ostern oder im Herst absolviert wird.

IV. Zu Frage V: Was halten Sie von dem Besuch einer Fortbildungs- oder Werkschule?

Wie die statistische Übersicht ergeben hat, hält der überwiegende Teil der Beantworter nichts vom Besuch einer solchen Schule. Wie *man sich auch zur Sache stellen mag,* so sind die Ansichtsäußerungen *auch zu dieser Frage* sehr beachtenswert:

5. Ausbildung im technischen Zeichnen ist immer nützlich, mag sie nun in gewerblichen Schulen oder im Technischen Büro gegeben werden. Sie entlastet in den ersten Jahren nach der Diplom-Prüfung, da die im Technischen Büro einmal erforderlichen Fertigkeiten bereits angeeignet sind. Auch die Anfertigung der Studien-Zeichnungen erfordert geringere Mühe.

7. Der Besuch einer Fortbildungs- oder Gewerbeschule in einer Großstadt gibt die gewünschte Beurteilung der Arbeitsvorgänge und das Verständnis für die auszuführenden Arbeiten, insbesondere, wenn die praktische Tätigkeit vor dem Studium erfolgt.

17. Ich selbst habe eine Fortbildungsschule besucht und immer empfohlen. Das technische Zeichnen unterstützt die Anschauung im Betrieb. Besonders ist ein Beschäftigen mit den Grundrissen der mechanischen Technologie zu empfehlen.

43. Besuch einer gewerblichen Fortbildungsschule oder Werkschule scheint mir durchaus erwünscht, da es dem Studierenden sehr viel Zeit ersparen kann, wenn er zum Studium bereits Kenntnis von Zeichnungen mitbringt, d. h. wenn er Zeichnungen lesen kann und wenn *er weiß, wie Zeichnungen* hergestellt werden. Das Zeichnenlernen *auf der Hochschule* selbst ist ein schwerer Zeitverlust, der sehr wohl vermieden werden könnte. Auf weiteres sollte sich allerdings der Lehrschulunterricht nicht erstrecken, da er sonst seinerseits wohl nur Zeitverlust bedeuten würde.

3. Es wird natürlich sehr vorteilhaft sein, wenn der Praktikant während seiner Ausbildung noch irgend eine Fortbildungs- oder Werkschule besucht. Es muß sich dabei aber um eine Schule handeln, die von Fachleuten geleitet wird, und die auch eine gewisse

Rücksicht gerade auf die Praktikanten nimmt und sie nicht mit unnützen, durch die Schule schon abgetanem Stoff belästigt.

2. Eine derartige Werkschule hat meiner Ansicht nach nur Zweck, wenn sie mit dem Werk, das die Ausbildung übernimmt, verbunden ist und in enger Fühlung mit dem Werkstattsbetriebe gehandhabt wird.

66. Eine derartige Schule zu besuchen, um das technische Zeichnen zu erlernen, halte ich dann für vorteilhaft, wenn dafür auf der Hochschule das Maschinenzeichnen eingeschränkt wird.

73. Kleinere Skizzen von Hand halte ich für erwünscht, sonstiges technisches Zeichnen nicht für wesentlich, allgemeine kursorische Überblicke über die fabrikorganisatorische Seite für sehr wichtig.

20. Die Fortbildungsschulen haben verschiedenen Wert. Im allgemeinen sind sie in den praktischen Werkstätten (Fabrikschulen) sehr gut. Es ist selbstverständlich, daß eine vernünftige Fabrikleitung den Abiturienten, der sein praktisches Jahr durchmacht, nur zu denjenigen theoretischen Schulfächern hinzuzieht, die er nicht kennt, das sind Materialienkunde, mechanische Technologie, Gießereiwesen, technisches Zeichnen, Bürgerkunde und Buchführung (Vergl. den Lehrplan von Ludw. Loewe). Daß der Abiturient keine Anfangsgründe der Algebra und der Geometrie, noch des deutschen Aufsatzes durchzumachen braucht, ist ja eigentlich selbstverständlich. Ich persönlich habe Jahre hindurch die Erfahrung gemacht, daß die Praktikanten, die zu diesen Unterrichtsfächern freiwillig zugelassen wurden, mit großem Eifer teilgenommen haben, und daß sie alle erklärt haben, daß der Unterricht außerordentlich fruchtbringend für sie gewesen ist.

71. Wenn sich der Besuch einer solchen Schule ermöglichen läßt, ohne eine 8—9 stündige Arbeitszeit zu überschreiten, gute, praktisch ausgebildete Lehrkräfte vorausgesetzt und auch nur dann, wenn der Unterricht nicht in die Abendstunden fällt, so ist dies zu empfehlen.

69. Zeichnen in einer solchen Schule hat keinen Zweck, dagegen dürfte Einweihung in die Versicherungsgesetze und dergl. und etwaige Belehrung über die Methoden der mechanischen Bearbeitung sehr nützlich sein.

32. Ich halte einen Abend Unterricht durch Ingenieure eines von den Volontären besuchten Betriebes für entschieden vorteilhaft, zumal das ganze Niveau der Fortbildungsschule nicht für Akademiker zugeschnitten ist.

62. Wenn das Werk, an dem der Eleve arbeitet eine eigene Lehrlingsschule besitzt, sollte er an allen Fächern teilnehmen, die ihn in das Wesen des Materials und dessen Bearbeitung einführen.

Technisches Zeichnen ist überflüssig, wenn dadurch nicht gewisse Vorübungen auf der Hochschule erspart bleiben.

Lieber sollte der Eleve sich mit leicht verständlichen Büchern befassen, die ihn in das Sondergebiet seiner Firma einweihen und wie sie für Werkmeister und Maschinisten geschrieben sind.

Dinge, die man an Hand von Büchern später ebensogut lernen kann, sollten vor allem aus dem Lehrplan ausgeschaltet sein. So können z. B. volkswirtschaftliche Studien während der praktischen Zeit das eigene Urteil sehr beeinträchtigen und trüben. Der Student übersieht die praktische Zeit als ein ganzes, der Volontär dagegen ist nur zu leicht geneigt, sich momentanen Eindrücken hinzugeben. Ihm fehlt der Überblick, um volkswirtschaftliche Bücher mit der nötigen Kritik zu lesen.

72. Besuch einer gewöhnlichen Werkschule halte ich nebenbei für empfehlenswert, aber nicht ausreichend. Es sollte wöchentlich ein Nachmittag für regelrechten Unterricht mit Übungen festgesetzt werden, welcher vom Betriebsleiter oder pädagogisch befähigten Ingenieur, evtl. für mehrere Fabriken gemeinsam erteilt wird. Für diesen Unterricht müßte eine kleine Lehrmittelsammlung mit billigen Mitteln geschaffen werden (Maschinenteile, Werkzeuge, Bilder, technische Sammelwerke, gute Prospekte usw.)

An bestimmten Wochentagen sollten feste Sprechstunden für die Praktikanten eingerichtet werden.

70. Der Besuch einer derartigen Schule kann unter Umständen gute Dienste leisten, da der Betreffende dann etwas Gewandheit im Zeichnen sowie im Darstellen von Werkstücken erhält; speziell für Gymnasial-Abiturienten, die wenig Zeichenunterricht gehabt haben.

68. Ich halte eine Ausbildung im Zeichnen durch Fortbildungs- oder ähnlichen Unterricht für nützlich für solche Praktikanten, die auf der Mittelschule (Gymnasium usw.) nicht irgendwelches Projektionszeichnen gehabt haben. Ich habe selbst Gelegenheit gehabt, Fortbildungsunterricht zu erteilen, bezw. ich bin selbst Fortbildungs-Kursusleiter gewesen und habe auch mehrfach Volksschullehrer im Zeichnen im Auftrage der Königl. Behörde ausgebildet. Ich rate hinsichtlich der Fortbildungsschule zu großer Vorsicht: geben Volksschullehrer den Zeichenunterricht, so fehlt das technische Können, den unterrichtenden Ingenieuren fehlt die pädagogische Ausbildung. Meist wird der Fehler gemacht, daß man viel zu hohe Anforderungen an den Schüler stellt.

33. Der Besuch einer Fortbildungsschule während der praktischen Ausbildung, natürlich nur, soweit sie vor dem Studium erfolgt, halte ich für zweckmäßig, um die Zeit, die man auf der Hochschule dem Erlernen der ersten elementaren Begriffe widmen muß, abzukürzen. Der Lehrplan der Hochschule müßte dann jedoch entsprechend geändert werden.

67. Diese Ausbildung während des ersten halben Jahres ist empfehlenswert, aber nicht vorzuschreiben. Die meisten Abiturienten, namentlich Gymnasiasten, verlassen die Schule, ohne eine Ahnung vom technischen Zeichnen mit auf den Weg zu bekommen. Eine Ausbildung hierin *in der Fabrik würde zuviel Zeit beanspruchen. An* Stelle der Lehrlingsschulen ließen sich vielleicht für den besonderen Zweck eingerichtete Abendklassen einrichten.

51. Von dem Besuche einer Fortbildungs- oder Werkschule halte ich im großen ganzen nichts, es sei denn, daß die an anderer Stelle geforderte theoretische Belehrung des Praktikanten in einer solchen Schule erfolgt, was man wohl meistens nicht annehmen darf. Im übrigen wird es notwendig sein, daß sich namentlich der Gymnasiast mit technischem Zeichnen und darstellender Geometrie etwas beschäftigt, sofern er dieses nicht schon auf der Mittelschule gehabt hat.

42. Eine technische Ausbildung, Zeichnen, Maschinenlehre usw. gehört nicht in das praktische Jahr, da der Praktikant vollauf zu tun hat, wenn er den Aufgaben, die ihm das praktische Jahr stellen, gerecht werden will. Der Besuch einer Fortbildungs- oder Werkschule ist gleichfalls zu verwerfen, da diese Institute ganz andere Ziele verfolgen. Vorteilhaft wären besondere Kurse für Eleven, in denen dieselben darauf aufmerksam gemacht werden, was sie lernen sollen und worauf sie im Fabrikbetriebe zu achten haben. Gegebenenfalls wäre hiermit die Stellung *kleiner Aufgaben zu verbinden. Diese* Kurse dürften jedoch nicht in einen *richtigen schulmäßigen Betrieb* übergehen und in der Woche höchstens *2* Stunden in Anspruch nehmen. In Ermangelung dieser Kurse genügte jedoch auch ein kurzgefaßter Leitfaden, der allerdings z. Z. noch fehlt. (Ausführliches Buch hierüber von F. zur Nehden, 1907.)

54. Ich empfehle auf Grund eigener Erfahrungen, auch von den großen Ferien einigemale die Hälfte zu praktischer Arbeit in Fabriken, besonders auch zur Uebung im Zeichnerbüro zu benutzen. Man sollte dabei immer in andere Fabriken eintreten, um recht viele nach Größe und Spezialfach verschiedene Betriebe kennen zu lernen. Die sichere Beherrschung des technischen Zeichnens wird auf der Hochschule nur selten erworben; denn es wird zu wenig und nicht betriebsmäßig gezeichnet; die Folge davon ist, daß viele Diplom-Ingenieure nicht gut und nicht gern zeichnen, was aber für jeden Ingenieur, auch, wenn er später nicht mehr zu zeichnen braucht, unerläßlich ist. Das Zeichnen ist die Sprache des Ingenieurs. Diese muß der Vorgesetzte unbedingt beherrschen. Der Student braucht es nicht als seiner unwürdig zu erachten, wenn er Pausen und Stückzeichnungen anfertigt. Den Besuch einer Mittelschule zum Zwecke, Zeichnen zu lernen, halte ich für entschieden verfehlt.

74. Den Besuch einer solchen Schule halte ich nicht für angezeigt. Der Praktikant soll die Ausbildung im technischen Zeichnen und in technischen Fächern auf vollen Tagesschulen erlangen und nicht neben der praktischen Betriebstätigkeit; das Interesse für das eine oder das andere würde sicherlich darunter leiden.

55. Der Ingenieur soll seine Vorbildung auf einem Realgymnasium oder auf einer Oberrealschule genossen haben. Dann braucht er keine „Nachhilfestunden" im technischen Zeichnen. Es genügen die „Uebungen" auf der Hochschule vollständig.

8. Ich halte von derartigen Schulen nichts. Wenn jemand es für erforderlich hält, sich schon vor dem Studium Handfertigkeit im Zeichnen anzueignen, wofür die ersten Semester indessen genügend Gelegenheit geben, so sollte er im Lehrvertrage ausmachen, daß er auch im Zeichenbüro beschäftigt zu werden wünscht.

12. Einen Besuch der für Lehrlinge zugeschnittenen Fortbildungsschulen usw. durch den Praktikanten halte ich nicht für zweckmäßig.

15. Einen Besuch einer solchen Schule halte ich für reichlich viel verlangt und nur bei Absolventen humanistischer Anstalten unter Umständen für vorteilhaft bezw. notwendig.

16. Gerade während der praktischen Tätigkeit halte ich als Gegengewicht für das tägliche Zusammensein mit Arbeitern für den zukünftigen Ingenieur die Pflege von Kunst oder die Weiterbildung in den allgemeinen Wissenschaften für nutzbringender als den Besuch von Werkschulen und dergl.

18. Ich halte vom Besuche der Fortbildungsschulen und Werkschulen von seiten der späteren Hochschulstudierenden nichts. Wer kein Talent zum Zeichnen hat, lernt es auf der Lehrlingsschule nicht, soll überhaupt nicht Ingenieur werden wollen. Wer Lust und Talent zum Zeichnen hat, bekommt die nötige Fertigkeit im ersten Semester auf der Hochschule.

19. Der Besuch einer Lehrlingsschule wäre eine arge Verirrung, denn eine solche Schule ist für Leute von geringer Allgemeinbildung, geringem Auffassungsvermögen und beschränkten Zielen geschaffen. Sie leistet für diese Leute Ausgezeichnetes, für Diplom-Ingenieure aber wäre sie grundfalsch.

21. Über den Besuch einer Werkschule kann ich mich mangels Erfahrung nicht äußern. An dem Unterricht in einer Fortbildungsschule habe ich längere Zeit, im Laufe des vorigen Winters, als Hospitant teilgenommen. Auf Grund der dort gemachten Erfahrungen kann ich angehenden *Diplom-Ingenieuren von dem Besuch einer* solchen Schule zum Zwecke der Ausbildung nur abraten. Der Fortschritt im Unterricht ist ein derart langsamer, daß man in wenigen Monaten keine Gelegenheit hat etwas Nennenswertes zu lernen.

26. Von dem Besuch von Fortbildungs- oder Werkschulen während der praktischen Ausbildung halte ich nicht viel. Ich halte es für besser, wenn der Praktikant seine praktische Ausbildung erst beginnt, wenn er bereits einige technische Kenntnisse besitzt.

27. Da nach meiner Erfahrung die Schule (Realgymnasium, welches ich als beste Grundlage für das Technische Studium halte) hinreichend Gelegenheit gibt, sich mit dem Zeichnen (auch technischem) etwas vertraut zu machen, halte ich den Besuch einer Fortbildungsschule oder dergleichen für nicht geeignet. Der Praktikant kommt hier in der Regel mit unter seinem geistigen Niveau stehenden Schülern zusammen, was seine Ausbildung nicht fördern kann. Ich habe dies als Lehrer an einer Berliner Fortbildungsschule oft zu beobachten Gelegenheit gehabt.

29. Da auf den Hochschulen Maschinenzeichnen vorgeschrieben ist, ist ein Besuch irgendwelcher anderer Schulen, welche für andere Vorgebildete bestimmt sind, *unzweckmäßig*.

30. Einen Besuch einer solchen Schule *halte ich für zwecklos*. Besser ist es, wenn während des Studiums in den Ferien einige Monate im technischen Bureau einer modernen Maschinenfabrik gearbeitet wird, etwa nach dem Vorexamen.

31. Der gleichzeitige Besuch einer Fortbildungsschule oder Werkschule mag technisch seine Vorteile haben, bei unserem heutigen Lehrplan der Mittelschulen halte ich ihn aber für einen gebildeten Menschen nicht für berechtigt. Der angehende Hochschüler, ein denkender Mensch von rund 20 Jahren soll während seiner praktischen Tätigkeit zwar auch in das Denken und Fühlen des Arbeiters einzudringen versuchen, und ich habe durchaus eine hohe Meinung von unserem Fabrikarbeiterstand, aber das Drücken der gleichen Schulbank mit Lehrlingen evtl. bis herab zu 14 Jahren sollte man ihm — weil unwürdig — doch nicht zumuten, und bringt ihm auch keinen Gewinn. Viel richtiger wäre es, das Übel da zu bekämpfen, wo seine Wurzel steckt: auf der Mittelschule. Ich habe, ohne überbürdet worden zu sein und auch ohne spezielle zeichnerische Begabung, auf einem Mecklenburgischen Realgymnasium einen Zeichenunterricht genossen, der mich die darstellende Geometrie völlig beherrschen ließ und bei nur ein wenig intensiver Berücksichtigung des Maschinenzeichnens mich von vorne herein in die Lage versetzt hätte, eine Werkstattszeichnung zu lesen. Es läßt sich dies auf der Schule durchführen ohne Erhöhung der Stundenzahl, wenn nur die Norm, die bei allen anderen Fächern anerkannt ist, nämlich, daß in der Stunde auch wirklich etwas getan wird, auch für die Zeichenstunde durchgeführt wird und den Lehrern nur mal gezeigt würde, was eigentlich Maschinenzeichnen ist.

45. Vom Besuch einer Fortbildungsschule oder Werkschule während des praktischen Jahres halte ich nicht viel. Die darauf verwendete Zeit kann nutzbringender mit individueller geistiger Fortbildung verwendet werden.

48. Meiner Erfahrung nach ist der Praktikant am Abend so müde, daß er zum Zeichnen und dergleichen nicht mehr fähig ist, auch glaube ich, daß genügende Fertigkeit im Zeichnen sehr wohl während der acht langen Studiensemester erworben werden kann.

47. Ich halte den Besuch einer solchen Schule nicht für erforderlich, da Vorbildung und späteres Studium sie erübrigen. Wer nicht schon in sich das nötige Zeug zum Techniker hat, wird es auf solchen Schulen kaum erhalten.

40. Den Besuch einer Schule während der praktischen Ausbildung zur Erlernung des Zeichnens erachte ich für verkehrt. Wird die Zeit der praktischen Ausbildung voll und ganz gewidmet, so ist damit genug geleistet. Die für das akademische Studium nötige Zeichenfertigkeit wird der seinen Beruf liebende junge Mann sehr bald auf der Hochschule lernen. Dagegen halte ich es für zweckentsprechend, wenn der junge Praktikant gelegentlich einfache Skizzen über Maschinenteile usw. anfertigt, als Mittel, um sich im Verkehr mit Arbeitern leicht verständlich zu machen.

41. Den Besuch der Fortbildungs- und Werkschulen halte ich für vollständig zwecklos, da dessen Lehrplan für 13- bis 16 jährige Schüler ohne besondere Kenntnisse zugeschnitten ist.

65. Halte ich für technische Mittelschüler wohl von Vorteil, für Hochschüler nicht.

64. Der Besuch einer solchen Schule ist nicht nutzbringend, da entsprechend dem Alter und den Kenntnissen der Lehrlinge bezw. ihrer Zusammensetzung aus verschiedenen Werkstätten nur elementare Dinge verhandelt werden können.

63. Einen Besuch der Fachschule empfehle ich nicht. Das, was da gearbeitet wird, ist einmal schon in den Oberklassen der höheren Schulen gelehrt (niedere Analysis, Geometrie usw.) oder es wird im einheitlichen Lehrgange auf der Hochschule der Vorbildung entsprechend gegeben. Der Besuch der Fachschule wird außerdem unter der körperlichen Müdigkeit leiden, zumal der junge Ingenieur auch gesellschaftlich in seiner Freizeit sich nicht ganz vernachlässigen soll und im leichten Sport, guter Privatlektüre, Einblicke in technischen Zeitschriften, sich Anregung verschaffen soll, zum weitblickenden, vielseitigen Ingenieur.

V. Zu Frage VI: Ist Zahlung an oder durch die Firma, bei der die Ausbildung vor sich geht, wünschenswert?

Nach der statistischen Zusammenstellung ist annähernd die Hälfte der Beantworter für eine Zahlung an die Firma, rund ein Drittel der Antworten lauten auf: Ohne gegenseitige Vergütung. Um sich ein Urteil über diese Frage bilden zu können, sind die Begründungen der verschiedenen Auffassungen beachtenswert:

61. Den Bezahlungsmodus halte ich für nebensächlich. Die Annahme von Praktikanten ist immer eine Gefälligkeit, für ein größeres Industrieunternehmen jedenfalls. Eine Bezahlung an die Firma schließt übrigens nur den Anspruch ein, eine gewisse Menge Material zu verpatzen; sonstige Ansprüche auf Anleitung usw. hängen von dem guten Willen des Betriebsingenieurs oder Meisters ab. Eine Bezahlung durch die Firma gibt höchstens dem Vater des Lehrlings die Hoffnung, daß sein Sprößling nicht Maulaffen feil halten kann. Finanziell ist natürlich eine Zahlung durch die Firma sehr angenehm, führt aber zuweilen zur Ausnutzung des Praktikanten und benimmt ihm seine Bewegungsfreiheit.

42. Nachdem neuerdings auch die Staatswerkstätten eine Bezahlung von den Praktikanten verlangen, halte ich es für ausgeschlossen — so erwünscht es auch sonst wäre — durchzusetzen, daß die Firmen von einer Bezahlung absehen oder auch nur ermäßigen. Anzustreben wäre nur die Festsetzung eines Maximalsatzes. Der Praktikant wird im Werk nur als notwendiges Übel angesehen. Niemals kann die Zahlung an die Firma so hoch ausfallen, daß sich daraus ein wesentlicher Vorteil für sie ergibt und der Praktikant mit besonderen Wünschen über den Gang der Ausbildung an die Firma herantreten könnte. Eine Bezahlung durch die Firma würde bewirken, daß der Praktikant als Arbeiter behandelt wird, der bestimmte Leistungen aufweisen muß und daher an seine Arbeitsstätte gebunden ist. Hierdurch leidet aber die praktische, auf das ganze Fabrikgetriebe gerichtete Ausbildung.

54. Die Firma soll Lehrgeld fordern, weil dann der Praktikant Anspruch auf Belehrung hat und jede Ausnutzung seiner Hilfskraft durch Meister, die den Sinn der praktischen Tätigkeit mißverstehen, zu verhindern berechtigt ist. Die Betätigung soll bei wirklichen Kommissionsarbeiten stattfinden, nicht in Lehrlingswerkstätten. Auch ist das mehr spielereimäßige Anfertigen von Maschinenmodellen oder Handwerkskunststücken (Erinnerungsgegenständen) zu verwerfen.

3. Eine Zahlung an die Firma wird sich schon deswegen empfehlen, weil dann auch seitens des Praktikanten gewisse Ansprüche auf eine zweckmäßige Ausbildung gestellt werden können. Die Zahlung müßte sich natürlich auch in angemessenen Grenzen halten, denn das Studium ist schon teuer genug.

2. *Eine Zahlung an die Firma halte ich für richtig, da sie bei Übernahme einer praktischen Ausbildung, wie ich sie gekennzeichnet* habe, erhebliche Unkosten auf sich nimmt. Ich würde es für richtig halten, wenn der Staat bei Einrichtung der Kurse durch Stellung geeigneter Lehrkräfte und Zahlung von Beihilfen die richtige Handhabung dieser Kurse sichert und für die zweckmäßige Ausbildung der künftigen Hochschulbesucher sorgt. Ungeeignete Elemente zu entfernen, steht der Firma auch dann frei, wenn eine Bezahlung durch die Firma nicht erfolgt. Außerdem ist ein praktischer Nutzen durch die praktische Mitarbeit der Praktikanten dermaßen gering und wird durch Schaden an Werkzeugen und Materialien dermaßen aufgewogen, daß sie von dem Werke nicht gut verlangt werden kann.

55. Eine Bezahlung an die Firma halte ich an sich für gerechtfertigt, da der Eleve im allgemeinen Material und Werkzeug bei seinen Versuchen verbraucht, ohne Wert für die Firma dabei zu schaffen. Daß bei Bezahlung seitens der Firma dieser die Möglichkeit gegeben ist, den Eleven zu entlassen, spricht nicht gegen dieses System, da die Firma im allgemeinen nicht ohne begründete Veranlassung zur Entlassung schreiten wird. Die Bezahlung seitens der Firma gibt dieser ein Disziplinarrecht, *und ich halte einen gewissen Zwang zur* Ordnung und zum Fleiß für angebracht. Aus *diesem letzteren Grunde* erscheint mir eine geringfügige Entlohnung des Eleven für wünschenswert.

14. Betreffs Vergütung der Ausbildungszeit an den Werksleiter oder umgekehrt an den Praktikanten ist folgendes zu bemerken. Letzteres stempelt den Praktikanten zum Angestellten und führt kurz gesagt dazu, die aufgestellten Richtlinien für zweckmäßige praktische Ausbildung akademischer Ingenieure ganz zu verwischen und zur

Schaffung eines nicht genügend allgemein geschulten Spezialistentums, wie es uns zur Genüge in den nicht akademisch gebildeten Ingenieuren zu Gebote steht. Eine Bezahlung an den Werksleiter ist dagegen den Zielen förderlich. Nur sollte aus der Höhe der Bezahlung kein Anspruch auf spätere evtl. Anstellung geltend zu machen sein. In angemessenem Rahmen führt eine Zubuße trotz aller sonstigen Pflichten und Lasten eines Werksleiters zu der notwendigen Fürsorge und eingehendem Interesse an den Praktikanten.

72. Da ein Jahr bei dem vorstehenden Programm den Praktikanten nicht die Möglichkeit gibt, wirklich brauchbare Arbeit zu leisten, halte ich die Zahlung eines Betrages an die Fabrik für richtiger. Sonst würde auch die einzelne bezahlte Arbeit das Interesse zu sehr in Anspruch nehmen und die Vielseitigkeit der Ausbildung leiden. Selbstverständlich muß die Fabrik bei Annahme einer Bezahlung auch für wirklich systematische Ausbildung sorgen.

57. Es liegt meines Erachtens im Interesse des Praktikanten und seiner Ausbildung, an die Firma einen Betrag zu zahlen, da sie ihm dann wohl stets eine größere Freiheit in der Ausbildung zuerkennen wird, während bei Bezahlung durch die Firma diese mehr oder weniger stets darauf bedacht sein wird, Nutzen aus der Arbeit der Praktikanten in erster Linie zu ziehen.

22. Ob die Firma oder der Praktikant zahlen sollen, hängt meines Erachtens ganz davon ab, bei welcher Firma man praktiziert. Die Hauptsache ist die, daß man eben das zu sehen bekommt, was einem nötig ist; wenn man dafür zahlen muß, dann in Gottes Namen.

21. Nach meinem Gefühl ist eine Bezahlung an die Firma berechtigt; denn der Praktikant wird wohl in den seltensten Fällen derartiges leisten, daß er eine Bezahlung beanspruchen kann. Andererseits ist eine Bezahlung an die Firma berechtigt, weil es wohl unvermeidlich ist, daß er der Firma durch verdorbene Arbeitsstücke hin und wieder einen mehr oder weniger großen Schaden zufügt, natürlich dürfen diese Lehrbeträge nicht Summen von 3000 M. betragen, wie es in einzelnen Fällen vorgekommen ist.

59. Eine Zahlung der Firma würde unter der an anderer Stelle erwähnten Voraussetzung notwendig sein. Die Firma soll unter allen Umständen trotzdem das Recht behalten, den Praktikanten aus erheblichen Gründen auszuschließen.

28. Zahlt die Firma etwas, so will sie etwas dafür haben, deshalb besteht die Gefahr, daß sie den Praktikanten ausnutzt. Soll sie aber dem Volontär die Möglichkeit verschaffen, recht viel zu sehen und sich verschiedenartig zu betätigen, wobei der Lernende oft im Wege steht bezw. sogar Schaden anrichtet, so muß sie dafür ein gewisses Entgelt erhalten. Durch Zahlung eines Lehrgeldes an die Firma wird ein moralischer Druck auf sie ausgeübt, der vielseitigen Ausbildung des Praktikanten wenigstens kein Hindernis in den Weg zu legen. Ich empfehle daher eine Zahlung an die Firma.

45. Eine gewisse Entschädigung der ausbildenden Firma kann nicht verweigert werden, doch muß unbedingt darauf hingewirkt werden, daß diese Summen nicht unangemessen hoch gefordert werden. Im übrigen ist dieser Punkt individuell zu behandeln.

32. Es ist eine Zahlung an die Firma zu empfehlen und den die Ausbildung überwachenden Ingenieur, der durch dieses Nebeneinkommen mehr als seither Interesse an der Ausbildung des Praktikanten nehmen wird.

35. Eine Ausbildung ohne Zahlung an die ausbildende Firma dürfte heute kaum noch in Frage kommen. Von der Annahme einer Bezahlung von Seiten der Firma ist dringend abzuraten da der Auszubildende dann nicht nur keinen Anspruch auf eine ordnungsmäßige Ausbildung, die doch das Endziel dieser praktischen Tätigkeit ist, hat, sondern wohl in den weitaus meisten Fällen nur für besondere Zwecke ausgenutzt wird, und mehr Nach- wie Vorteile aus einer solchen „Ausbildung" ziehen dürfte. Am richtigsten ist wohl ein zweckmäßig formulierter Vertrag unter Zahlung einer sich in angemessenen Grenzen bewegenden Entschädigung.

37. Eine mäßige Zahlung an die Firma ist empfehlenswert, damit der Praktikant eine gewisse Freiheit hat, sich überall zu informieren. Dagegen sollte die Firma sich vorbehalten, nach einem halben Jahr die Verpflichtung zu lösen, wenn der Praktikant zu wenig Interesse zeigt.

28. Je kleiner das Werk und je größer die Zahl der Praktikanten ist, um so eher halte ich die Firma für berechtigt, eine geringe Bezahlung zu fordern. Dadurch sollen jedoch nur Unkosten gedeckt werden, kein Gewinn gezogen werden. Entfernen kann man auch den zahlenden Praktikanten unter entsprechender Rückzahlung.

44. Ich bin für Zahlung einer angemessenen Entschädigung an die Firma. Der Praktikant ist nicht dazu da, produktive Arbeit zu leisten, sondern lediglich zum Zwecke seiner Ausbildung, was Zeit und Mittel des Betriebes in Anspruch nimmt.

50. Zahlung an die Firma zur Aushändigung des Geldes an die ausbildenden Meister.

62. Die Firma sollte in der Lage sein, Eleven, die nicht gewissenhaft und fleißig sind, zu entfernen. Der Eleve muß in gewisser Beziehung ein Vorbild für die Arbeiter sein, vor allem aber für die Lehrlinge. Eine Bezahlung macht dem Eleven Freude; doch hat es Bedenken, ihn allzusehr mit den Fabriklehrlingen gleichzustellen. Der Eleve muß eine gewisse Bewegungsfreiheit am Werk haben, um möglichst viel zu sehen. Hier sollte er, wenn er sonst fleißig ist, in verständiger Weise von dem Betriebsingenieur unterstützt werden, der die Eleven unter sich hat. Herumlaufen ohne aufzufallen ist eine Kunst, die gelernt sein will.

63. Eine Zahlung an die Firma erscheint mir eine Gefahr für manche junge Leute, welche auf die Bezahlung pochend, glauben, sich nunmehr Freiheiten herausnehmen zu können, z. B. Unpünktlichkeit beim Kommen, frühzeitiges Verlassen der Arbeitsstelle usw. Eine Zahlung der Firma an den Lehrling, also jugendlichen Arbeiter, kann sehr erzieherisch wirken, wenn dafür gesorgt wird, daß ein verständiger Meister die Ausbildung leitet und eine Ausnützung der Arbeitskraft vermieden wird. Die zweite Hälfte der Ausbildung, in der der junge Ingenieur in den meisten Fällen schon den Ernst der Situation überschauen wird, kann ohne Bezahlung von beiden Seiten vor sich gehen, denn das, was die Fabrik an Mühe mit ihm hat, wird er durch kleine Dienste, z. B. Diagramme-Nehmen, Beobachtungen bei Bremsversuchen usw. wieder ihr entgelten.

47. Ich halte die Zahlung an den Praktikanten für vorteilhaft, und zwar aus moralischen Gründen, da sie Arbeitslust und Sicherheit erweckt, macht sie das Werk unabhängig von Rücksichten gegen die „Herren“ Praktikanten. Andererseits ist die Zahlung an das Werk von Vorteil, sofern sich das Werk tatsächlich mit dem Praktikanten alsdann mehr befaßt.

7. Ich halte die Zahlung eines Lohnes und nicht eine Zahlung an die Firma für das Richtigste, denn jede Arbeitsleistung, und eine solche kann vom Praktikanten verlangt werden, soll entlohnt werden.

46. Eine Zahlung durch die Firma ist vorzuziehen.

1. Es erhöht das Verantwortungsgefühl,
2. es verschärft die Kontrolle.

56. Eine mäßige Bezahlung durch die Firma, bei der aber Bedingung sein muß:

1. daß der Praktikant sämtlichen Abteilungen des Werks zuzuteilen ist;

2. daß er in einer Abteilung nicht bloß mit der Herstellung eines einzigen, immer wiederkehrenden Stückes beauftragt werden darf.

11. Eine geringe Bezahlung durch die Firma erscheint nach allen Seiten wünschenswert. Der Praktikant ist hierdurch verpflichtet und gezwungen, sich näher mit den Arbeiten zu befassen, ohne direkt als Arbeiter zu erscheinen. Bei ordentlicher Führung dürfte eine Entfernung nicht häufig oder ausgeschlossen sein.

78. Ich bin für Bezahlung durch die Firma; ich selbst habe während meiner praktischen Arbeit in der Grube immer verdient wie jeder Arbeiter, kann auch nicht den mindesten Grund einsehen, warum es anders sein sollte. *Der „Volontär", der bloß nach Geschmack und* gelegentlich arbeitet, wird oft *oberflächlich bei der Arbeit und seinen* Arbeitsgenossen gegenüber anmaßend sein. Der Praktikant bedarf eines Anspruchs an die Firma nicht; er findet ausreichend andere Firmen. Die Firma dagegen hat ein Interesse daran, die Möglichkeit jederzeitiger Lösung des Verhältnisses zu haben.

77. Eine Zahlung an die Firma wird schwer fallen, da das Studium an sich schon teuer ist. Bezahlt die Firma, dann hat sie mehr Interesse daran, daß der Praktikant etwas leistet bezw. lernt.

76. Aus Gründen der Disziplin und wegen der Unfallversicherung halte ich es für richtig, wenn der Volontär wie der Lehrling Stundenlohn erhält.

67. Falls eine Bezahlung überhaupt gefordert wird, dann durch die Firma und nicht an die Firma. Am besten überhaupt ohne Bezahlung. Die Firma, die es übernimmt, junge Leute für einen höheren Beruf vorzubilden, wird sich bewußt sein, keine Lehrlinge oder Arbeiter in den Volontären zu sehen. Die Ausbildung muß ihr (vielleicht an Hand vereinbarter, allgemeiner Richtlinien) überlassen bleiben, hält der Praktikant seine Verpflichtungen nicht, so kann er entfernt werden.

75. Im ersten halben Jahr halte ich eine *Bezahlung des Praktikanten* durch die Firma nicht für wünschenswert, dagegen könnte eine Bezahlung im 2. halben Jahr des Praktikanten durch die Firma eintreten.

40. Ich erachte es für richtig, wenn der Praktikant von der Firma honoriert wird, dafür aber auch etwas zu leisten hat. Vermag er seinen Sold nicht auch wirklich zu verdienen, so wird er die nachteiligen Folgen tragen müssen. Ich erblicke nur in diesem Verfahren eine praktische Möglichkeit seitens der Firma ihre Praktikanten an eine wirklich ernste Arbeit zu gewöhnen.

39. Ich halte eine Bezahlung des Praktikanten von seiten der Fabrik sehr richtig; am besten wird der Praktikant als Lehrling mit verkürzter Lehrzeit angestellt. Durch die Bezahlung wird er moralisch veranlaßt, pünktlich zur Arbeit zu kommen, wirklich mitzuarbeiten, und den Arbeitern nicht lästig zu fallen. Ebenso müßte dem Praktikanten Anteil an Akkorden bei Gruppenarbeiten gegeben werden. Auf diese Weise wird der Praktikant sich das Vertrauen seiner Vorgesetzten erwerben und durch diese in seiner Ausbildung mit Rat und Tat unterstützt werden.

Sollte die Firma ihn entfernen wollen, so wird sie dazu sicherlich berechtigten Grund haben, so daß also eine derartige Bestrafung keinen Unschuldigen trifft.

36. Ich halte es für wünschenswert, wenn weder die Firmen mit der Ausbildung ein Geschäft machen, noch bei Bezahlung gelernte Schlosser ausbilden. Den verschiedenen Firmen sollte es Anstandspflicht sein, eine ihrer Größe entsprechende Anzahl von Praktikanten aufzunehmen, um diesen die Gelegenheit zu einer gediegenen Ausbildung zu geben. Es ist, um einen Vergleich heranzuziehen, die Ausbildung der späteren Offiziere.

49. Ich habe während meiner Praxis beide Fälle gehabt. Im ersten Jahre habe ich 400 Mark eingezahlt, im zweiten wurde ich als Maschinenbaulehrling eingestellt und erhielt 5 Pfg. Lohn die Stunde, hauptsächlich wohl, damit eine Zahlung für Kranken und Invalidenversicherung möglich war.

Es müßte nach und nach so weit kommen, daß die Industrie den jungen Praktikanten alle Gebiete, die der betreffende Fabrikationszweig aufweist, zugänglich macht, soweit in der immerhin kurzen Zeit dies möglich. Die Industriellen haben hierdurch den indirekt entstehenden Vorteil, daß eine gute praktische Vorbildung einen tüchtigen Ingenieurstand schafft.

31. Ich halte für das richtigste, daß keiner zahlt.

Eine Zahlung an die Firma ist für den Volontär zum mindesten ein schlechtes Geschäft, denn die Gegenleistung wird dadurch meist nicht erhöht.

Eine Bezahlung des Volontärs fällt meines Erachtens ohne weiteres mit der angestrebten kurzen und geteilten Ausbildungszeit.

30. Wünschenswert ist: ohne beiderseitige Vergütung. Die meisten Fabriken nehmen nur gegen Zahlung einer großen Summe

Praktikanten an. Das ist auch verständlich, da der Praktikant ja der Fabrik nichts nutzt. Andrerseits kann der Praktikant, sofern er an die Fabrik eine Vergütung zahlt, eher auf die Berücksichtigung seiner Wünsche hinsichtlich der Ausbildung hoffen.

29. Da der Maschinenbau-Praktikant tatsächlich mitarbeitet, so ist meiner Ansicht nach eine Bezahlung seitens des Praktikanten an die Fabrik nicht gerechtfertigt, da er durch seine Arbeit das, was er etwa schadet, wieder ausgleicht. Andererseits halte ich eine Bezahlung an den Praktikanten nicht für zweckmäßig, da er zur Ausbildung einer gewissen Freiheit bedarf, um sich über den Stand der Arbeit in verschiedenen Werkstätten zugleich einzulernen, und daher nicht so produktiv wie ein Arbeiter tätig sein kann.

26. Eine Bezahlung des Praktikanten durch die Firma halte ich im allgemeinen nicht für angebracht. Dies käme nur dann in Frage, wenn sich der Praktikant zur speziellen Ausbildung etwa als Betriebs- oder Gießerei-Ingenieur längere Zeit in ein und derselben Werkstätte aufhält und auch tatsächlich reguläre Arbeiten liefert. Eine Zahlung an die Firma (gewissermaßen als Lehrgeld) rechtfertigt sich meines Erachtens nur dann, wenn zwischen Praktikanten und Firma gewissermaßen ein Lehrvertrag abgeschlossen wird, nach welchem sich die Firma verpflichtet, dem Praktikanten eine regelmäßige Anleitung angedeihen zu lassen und ihm ein bestimmtes Maß von praktischen Kenntnissen zu vermitteln. Das dürfte aber wohl kaum gemacht werden, ich glaube also, daß im allgemeinen weder eine Zahlung an noch eine Bezahlung durch die Firma in Betracht kommen sollte. Die Zahl und Auswahl der Praktikanten, welche beschäftigt werden können oder sollen, bleibt ohnehin ja vollständig der Bestimmung der Firma vorbehalten.

19. Der Zweck des Praktikums ist der Erwerb von Kenntnissen. Hierfür aber kann doch naturgemäß eine Firma nicht zahlen. Wenn sie aber zahlt, so verlangt sie geldwerte Gegenleistungen, das heißt die Ableistung eines Arbeitsquantums. Beide Interessen fallen aber nur in gewissen Ausnahmefällen zusammen, z. B. bei der Montage. In der Werkstätte wird im allgemeinen sich keine Gelegenheit ergeben, d. h. wenn bezahlt wird, wird der Praktikant meist mit Tagelöhnerarbeiten beschäftigt und damit ist ihm nicht gedient, sondern er ist geschädigt. Erwünscht ist unbezahlte Anwesenheit; sie gibt die Freiheit nach Belieben, d. h. nach Bedarf zu handeln.

12. Eine Bezahlung durch die Firma halte ich nicht für wünschenswert. Einmal ist der Gewinn, welcher der Firma aus der Ausbildung des Praktikanten entsteht, recht gering, bisweilen vielleicht sogar negativ, sofern der Praktikant tatsächlich in einer Anzahl von Abteilungen ausgebildet werden soll, andererseits liegt bei Bezahlung die Gefahr nahe, daß die Firma die Zeit des Praktikanten nicht so verwendet, wie es seiner Ausbildung am vorteilhaftesten ist, sondern wie er ihr am meisten Gewinn bringt.

Ich halte eine Beschäftigung ohne gegenseitige Vergütung oder mit geringer Bezahlung an die Firma für zweckmäßig. Die Sächsische Staatsbahnverwaltung verlangt beispielsweise für die einjährige Ausbildung 200 M., welche allerdings bei späterer Anstellung im Staatsdienst zurückvergütet wird.

79. *Ein nobile officium der Industrie sollte es sein, die Praktikanten unentgeltlich zu beschäftigen, wo nicht, ist ein Entgelt seitens der Praktikanten vorzuziehen, für welches sich die Werke verpflichtet halten sollen, ihnen einen planmäßigen Einblick in den gesamten Betrieb zu ermöglichen.*

VI. Zu Frage VII: Ist Ausbildung im Großbetrieb oder in mittlerem oder in kleinem Betriebe wünschenswert?

Auch hier ist die Bewertung der Antworten von der näheren Begründung abhängig. Nachstehend sind einige bemerkenswerte Äußerungen angeführt:

40. Ich erachte die *Ausbildung in kleinen Betrieben als* die zunächst wesentlich bessere. Erst muß man die Grundlagen beherrschen, dann kann der Überblick nutzen.

45. Ich halte die Ausbildung in kleineren und möglichst mittleren Betrieben für empfehlenswert, wenigstens solange die Ausbildung in den Handwerkszweigen selbst erfolgt. Zum Kennenlernen größerer Betriebe und solcher spezieller Art sind dann Exkursionen während des Studiums sehr zu empfehlen; letzteres läßt sich am besten erreichen durch Anschluß an wissenschaftlich technische Vereinigungen.

61. Wenn ich es noch mal zu tun hätte (wie man so sagt), so würde ich vor dem Studium ½ Jahr in einen kleineren bis mittleren Betrieb gehen und dort eine gute Übersicht über sämtliche Werkstätten zu bekommen suchen. Später in den Ferien würde ich dann einzelne Werkstätten intensiver bearbeiten und zwar, wenn möglich, größere, renommierte Betriebe.

42. Ich halte die Ausbildung in einer mittleren Maschinenfabrik, welche auf Grund moderner Anschauungen rationell fabriziert und in der alle Zweige der Fabrikation (auch Gießerei) vertreten sind, für die geeignetste. In Riesenbetrieben *verliert der Praktikant die* Übersicht und in kleinen Schlossereien und mechanischen Werkstätten *ist* die Ausbildung zu einseitig.

37. Eine Ausbildung in mittleren Betrieben dürfte die empfehlenswerteste sein, da nur in diesen der Praktikant einigermaßen eine Übersicht über das Ineinandergreifen der einzelnen Abteilungen und Arbeitsvorgänge erhalten kann.

62. Je größer und je vielseitiger ein Betrieb ist, um so besser ist er für den mit offenen Augen Lernenden. Der Diplom-Ingenieur muß dazu erzogen werden, Überblick zu gewinnen und soll nicht in Kleinarbeit untergehen.

27. Da der Praktikant als späterer Diplom-Ingenieur m. E. wenig mit gründlicher praktischer Fertigkeit anfangen kann, halte ich den Großbetrieb für seine praktische Ausbildung am geeignetsten. Die Erlangung eines möglichst großen Überblicks über sämtliche Fabrikationsmethoden halte ich für wichtiger als eine handwerksmäßige Gewandtheit. Nur der Großbetrieb bietet dem Praktikanten Gelegenheit, die ihm für seine spätere Stellung sehr zustatten kommende vielseitige Kenntnis der verschiedenen Fabrikationsmethoden sich anzueignen.

21. *Aus dem schon an anderer Stelle Gesagten würde ich die praktische Arbeit in einer großen Firma vorziehen.* Man hat dort Gelegenheit zu einer vielseitigeren Ausbildung, was gegenüber der Ausbildung bei gleichem Zeitaufwand in einer kleineren Werkstatt den Nachteil hat, daß diese nicht eben so vollkommen sein kann. Wie aber schon gesagt, ist es nicht die Absicht des praktischen Jahres aus dem Studierenden einen vollkommenen Handwerker zu machen.

22. Aus den an anderer Stelle angeführten Gründen halte ich es für vorteilhafter, bei einer Großfirma zu praktizieren. Viel soll man sehen, das neueste, was doch nur größere Betriebe besitzen. Es nützt nichts, in einem kleinen Betriebe in einigen Zweigen gut ausgebildet zu werden, dafür aber andere Zweige gar nicht kennen zu lernen.

20. Es ist gleichgültig, ob man in einem kleinen oder in einem großen Betriebe arbeitet, sofern es sich um die Erwerbung technischer Fähigkeiten handelt. Bei dem heutigen Einfluß des Fabrikbetriebes aber und bei seiner Ausrüstung mit sehr wichtigen Maschinen, die der Kleinbetrieb überhaupt nicht kennt, halte ich die Ausbildung in einer größeren Zahl Einzelwerkstätten des Großbetriebes für die bessere, falls dafür gesorgt wird, daß der Praktikant die einzelnen Abteilungen *in der richtigen Reihenfolge* durchmacht. (Vergleiche das zu III. Gesagte.) Es ist in dem Kleinbetrieb meistens überhaupt nicht möglich, wichtige Einrichtungen des Fabrikbetriebes kennen zu lernen, wie z. B. die Arbeitsteilung, Automaten usw.

77. Wenn die Firma sich wirklich um die Praktikanten kümmert, nur in einem Großbetrieb, wo viel zu tun ist.

12. Für die zweckmäßigste Ausbildung halte ich die in guten, mittelgroßen Fabriken. Großbetriebe sind meist derart spezialisiert, daß dem Praktikanten leicht der Überblick verloren geht. Höchstens am Schluß der praktischen Ausbildung wäre eine Beschäftigung in einem Großbetriebe wünschenswert. Der Praktikant lernt dann auch am besten den Vorteil kennen, welcher in der Spezialisierung und Schematisierung der Herstellungsverfahren gegenüber kleinen und mittleren Betrieben liegt.

8. Volontärausbildung soll keine Handwerksausbildung sein, sondern der Volontär sollte Arbeitsmethoden kennen lernen, ohne daß es nötig wäre, daß er sie auszuüben imstande ist; unter diesem Gesichtspunkt bietet ein Großbetrieb mehr.

7. Ein großer, moderner Betrieb ist für die Ausbildung wünschenswert. Der Praktikant kann, falls er das nötige Streben hat, durch die *Meister und Werkführer einer großen Fabrik sich gleichzeitig* über Organisation und Arbeitsgang weit besser informieren als in einer kleinen Werkstatt.

In früheren Jahren waren aber das Schlimmste die sogenannten Eisenbahn-Reparatur-Werkstätten, die nur als bessere Vorbereitungsanstalten für das Skatspiel bezeichnet werden können.

2. Nach meinen bisherigen Ausführungen ist eine Ausbildung nur im Großbetriebe möglich, da nur hier eine geeignete Überwachung durch die Lehrer und Leiter des Werkkursus stattfinden kann. Bei richtiger Anleitung ist es auch im Großbetriebe möglich, alle Bearbeitungsvorgänge intensiv kennen zu lernen. Ich halte es dagegen für wichtig, daß Lehrlingswerkstätten vorhanden sind, damit dem Praktikanten auch die Ausübung der verschiedenen Handwerke ohne Zuhilfenahme komplizierter Werkzeugmaschinen bekannt wird. Für seinen späteren Beruf auf Montage im Auslande usw. ist es notwendig, daß er die nötigen Handgriffe bei Behelfsarbeiten kennen lernt und weiß, wie mit den einfachsten Mitteln der gewünschte Zweck zu erreichen ist.

34. In kleineren Betrieben sollte der Praktikant alle Abteilungen kennen lernen und möglichst auch *Montagen mitmachen. In* größeren wird man die wichtigsten herausgreifen. *Man sollte sich* davor hüten, den Praktikanten zu spezialisieren oder Spezialneigungen entgegenzukommen. Letzteres liegt durchaus nicht im Interesse des Praktikanten.

29. In der ersten Zeit der Ausbildung ist eine kleinere Fabrik vorzuziehen, weil dort die Verhältnisse am einfachsten zu überblicken sind. Später ist die Größe der Fabriken gleichgültig, doch dürfte es sehr zu empfehlen sein, mindestens einmal in einer größeren Fabrik zu arbeiten, um auch den Betrieb in einem solchen Werk kennen zu lernen.

26. Ich würde für den ersten Teil der Praxis eine solche in einer kleineren modern eingerichteten und gut geleiteten Fabrik vorziehen, dagegen wäre für die weitere Praxis, die zum Teil gewissermaßen neben dem Hochschulstudium als Ergänzung desselben hergeht, eine Praxis in einem großen Betrieb wünschenswert.

6. Ich bin für kleinere Betriebe und weitere Ausbildung während der Hochschulferien in größeren Betrieben, weil dann das Verständnis für letztere ein gereifteres ist.

19. Zweck des Praktikums ist es nicht, arbeiten zu lernen, *d. h. Handfertigkeit zu erlernen, deshalb ist es gleichgültig, ob man in großer oder kleiner Firma ist. Ich halte die* Anwesenheit in beiden Arten für wünschenswert, weil jede besondere Arbeitsmethoden hat, die man beide kennen muß.

39. Gut wäre es, das erste praktische Jahr in einem Großbetriebe zuzubringen und die beiden anderen Vierteljahre in einem kleinen Betriebe mit möglichst umfangreicher Montageschlosserei.

74. Diese Frage läßt sich nicht ohne weiteres für das eine oder das andere entscheiden. Will ich für praktische Tätigkeit nur ½ Jahr aufwenden, so ziehe ich den Kleinbetrieb vor, lege ich ein Jahr oder mehr an, so ist der Großbetrieb vorzuziehen.

73. Den Unterschied zwischen großen und kleinen Betrieben halte ich nicht für so grundlegend, da es hauptsächlich darauf ankommt, dem jungen Mann Gelegenheit zu bieten, sich mit der Behandlung seines zukünftigen Materials (technologisch und sozial aufgefaßt) bekannt zu machen.

36. Die Ausbildungen ließen sich in nicht zu kleinen wie größeren Betrieben in derselben guten Weise durchführen, denn die Mannigfaltigkeit des Betriebes spielt wohl eine größere Rolle, ebenso wie die Art, mit der der Vorgesetzte seine Aufgabe auffaßt, wie er es der *Mühe für Wert hält, ausbildend* einzuwirken, wie er Zeit dafür hat.

43. Zu kleine Betriebe bieten oft zu wenig Gelegenheit, modernen Werkstättenbetrieb zu sehen, sie kommen also nur da in Frage, wo die handwerksmäßige Handfertigkeitsausbildung gesucht wird: Sie sind also zur Praxis in der Schlossereiausbildung in dem vorher erläuterten Sinne unter Umständen ganz geeignet. In Großbetrieben möchte ich davor warnen, zuviele Abteilungen zu durchlaufen: es ist kein Schade, wenn eine oder die andere Spezialabteilung unberührt bleibt. Lieber Gründlichkeit in den genannten Hauptwerkstätten.

VII. Zu Frage VIII: Welche Erfahrungen haben Sie mit Ihrer eigenen praktischen Tätigkeit gemacht?

Zu dieser Frage, die statistisch nicht verwertet werden kann, ist in besonderer Ausführlichkeit Stellung genommen worden. Aus den vorliegenden Ansichtsäußerungen kann man vielleicht am gründlichsten die Frage der praktischen *Werkstattausbildung studieren*. Es seien folgende Äußerungen *veröffentlicht*:

1. Eine eigentliche Praktikantentätigkeit habe ich nicht hinter mir. Der Besuch einer ehem. Industrieschule, die schulmäßige Werkstättentätigkeit bietet — wenn auch in bescheidenem Maße —, legte einen guten Grund für das Verständnis meines weiteren Hochschulstudiums und für einen praktischen Blick, denn man muß einen Betrieb nicht bloß gesehen haben, sondern auch gelernt haben, in einem Betrieb auch etwas sehen zu können.

2. Schmerzlich vermißt habe ich während der Zeit die nötige Anleitung, Beaufsichtigung und Einführung in die verschiedenen Bearbeitungsvorgänge durch akademisch gebildete Lehrer. Um uns Praktikanten kümmerte sich während dieser Zeit niemand. Soweit wir uns nicht selber zu helfen und zu unterrichten wußten, ging die Gelegenheit zu tieferer Verarbeitung aller Eindrücke nutzlos an uns vorüber. Die Folge war bei einem großen Teil meiner Kollegen ein Erlahmen des Interesses gegen Schluß der praktischen Tätigkeit. Erst während des Studiums wurde mir vieles klar, an dem ich während meiner praktischen Arbeitszeit achtlos und verständnislos vorübergegangen war. Durch späteres Beobachten und Selbstunterricht habe ich nachholen müssen, was *damals durch Verschulden des ausbildenden Studenten, die nach Erledigung eines Teiles ihres Studiums* zur praktischen Arbeit zurückkehrten, das Interesse an der praktischen Tätigkeit gänzlich verloren hatten und sich auch während der praktischen Tätigkeit, ebenfalls mangels genügender Aufsicht, vielfach mit Sachen beschäftigten, die entweder mit ihrem Studium zusammenhingen oder auch teilweise gar nichts mit diesem zu tun hatten.

3. Die längste Zeit habe ich in der Schlosserei verbracht, dann etwa ¼ Jahr in der Schmiede und weiter an der Drehbank. Der

Meister, dem ich unterstellt war, hat sich nicht sehr viel um uns Volontäre gekümmert, aber ich fand einen Schlosser, dem ich zeitweilig zugestellt wurde, der sich sehr viel mit mir beschäftigte und der andererseits auch aus mir wieder meine mathematischen Kenntnisse herauszog, da er sich sehr dafür interessierte. Da ich selbst mit großem Eifer an die Sache heranging, so glaube ich doch, obwohl keine rechte Aufsicht vorhanden war, in der Fabrik genügend Praxis erlernt zu haben.

4. Meine praktische Tätigkeit habe ich in einer Kraftstation und Reparaturwerkstatt einer städtischen Straßenbahn zurückgelegt. Trotzdem mein Vater sehr viel Beziehungen zu Industriellen hatte, war es für mich sehr schwierig, Gelegenheit zur praktischen Ausbildung *zu finden, da sehr viele Fabriken aus Prinzip keine Volontäre annahmen oder verlangten, daß man sich auf zwei oder drei Jahre* verpflichtete. Da ich vom humanistischen Gymnasium kam, hatte ich nicht die allergeringsten technischen Kenntnisse und daher war es gut, daß ich die praktische Tätigkeit vor dem Studium zurücklegte. In der Kraftstation habe ich Dampfkessel, Dampfmaschinen und die Schalttafel bedient, und in der Reparaturwerkstatt, in der etwa 110 Arbeiter beschäftigt waren, war ich in der Metallgießerei, Schlosserei, Schmiede, Dreherei und Tischlerei tätig. Dienstzeit war von 8—12 und 2—6 Uhr. Als Nachteil habe ich es stets empfunden, daß die Ausbildung nicht planmäßig vor sich ging und ich zu wenig Anleitung hatte, da die Meister und Vorarbeiter schon ohnedem sehr überlastet waren und die Arbeiter, besonders in der Reparaturwerkstatt, fast sämtlich in Akkord arbeiteten und deshalb wenig Zeit für mich übrig hatten. Außerdem war die ½ jährige Ausbildungszeit viel zu kurz.

5. Die Erfahrungen des Unterzeichneten erstrecken sich auf eine ziemlich zurückliegende Zeit und zwar sowohl in einer mittleren Fabrik, wie in einer Eisenbahn-Werkstatt. In ersterer wurde der Unterzeichnete nur für Akkordarbeit ausgenutzt, in letzterer war die Ausbildung ziemlich vielseitig und sorgfältig.

Zusammenfassend geht also die Meinung des Unterzeichneten dahin, daß zunächst vor dem Studium eine Ausbildung in einer kleineren oder mittleren Werkstatt unter spezieller Aufsicht eines Ingenieurs möglichst in ähnlicher Weise wie in der Lehrlingswerkstatt (eine gute Ausbildung in Schlosser-Mechaniker, Tischlerhandfertigkeiten, Bedienung einfacher Werkzeugmaschinen) und zwar auf die Dauer eines halben Jahres zu erfolgen hat; ein weiteres Halbjahr nach dem Vorexamen in den je nach der Fachrichtung geeignetsten Branchen, wobei auch auf Werkstattbüro oder technischem Büro eine gewisse Zeit zu verteilen ist.

7. Sämtliche Betriebe einer Schiffswerft durchgemacht, insbesondere längere Zeit bei Maschinen- und Rohrleitungsmontage an Bord als Hilfe des Obermonteurs, was für die weitere Ausbildung von großer Bedeutung war. Gesellenstück in der Schmiede angefertigt. Abendbesuch der Gewerbeschule 2 oder 3mal wöchentlich, wo vielleicht zu viel Theorie, Mathematik und Mechanik getrieben, aber immerhin durch Entwerfen und Berechnen einfacher Maschinenteile die praktische Tätigkeit gut ergänzt wurde.

Ich halte noch heute diesen Ausbildungsgang für zweckmäßig.

10. Da es an den nötigen theoretischen Kenntnissen mangelte, konnte die Wichtigkeit vieler Arbeitsweisen, Werkstücke, Werkzeuge etc. noch nicht genügend erkannt werden. Ratsamer wäre daher die Trennung der Ausbildungszeit in zwei Hälften zu je ½ Jahr mit dazwischen liegendem längerem Hochschulstudium gewesen.

12. Ich selbst bin ¾ Jahr in einer Eisenbahnwerkstätte und ¼ Jahr in einer mittelgroßen Eisengießerei und Werkzeugmaschinenfabrik vor dem Studium tätig gewesen. Ich bin mit den in beiden Betrieben besonders der in den zuletzt gemeinten gemachten Erfahrungen zufrieden gewesen. Wenn ich nach Beendigung meines Studiums meine praktische Tätigkeit zu wiederholen gehabt hätte, würde ich mich möglichst noch einige Wochen mit der Arbeiterorganisation eines Großbetriebes beschäftigt haben, dies aber nur nach Anhörung der betreffenden technischen und besonders einiger volkswirtschaftlichen Vorlesungen.

15. Ich kann sagen, daß mir trotz der Ausbildung in der Maschinenfabrik auch für das elektrotechnische Studium nichts gefehlt hat. Die Kenntnis der besonderen Arbeitsvorgänge vermitteln Exkursionen ausreichend. Bei solchen Besuchen in den verschiedensten Werken war mir stets eine leichte Orientierung, Verständnis der Arbeitsvorgänge usw. möglich. Ich würde auch für den Elektro-Ingenieur ausschließliche Ausbildung im E l e k t r o - Maschinenbau nicht für zweckmäßig halten; dagegen dürfte allerdings eine kürzere Tätigkeit als Monteur im Prüffeld einer größeren Dynamo-Fabrik während des Studiums von großem Nutzen sein; vorher müßte allerdings schon das elektrotechnische Praktikum der Hochschule erledigt sein.

19. Man kann auch ohne Werkstattzwang selig werden. Wenn ich mir Rechenschaft gebe, was ich während meiner Aufenthaltszeit von ca. 1 Jahr für diesen Zeitaufwand an Kenntnissen erreicht habe, so kan ich mir zwar sagen, mindestens ebensoviel wie andere Leute, aber im Großen und Ganzen hätte man das Gleiche in ein paar Wochen erreichen können. Der Nutzeffekt war keine 10 pCt. In Summa aber waren die erreichten Kenntnisse nur ein kleines dessen, was notwendig war — und das Alles trotz redlichen Bemühens!

Der Grund liegt darin, daß das Verfahren verfehlt ist. Jede Firma arbeitet nur auf einem winzigen Gebiete des Gesamten, selbst von diesem kann man günstigsten Falles nur wieder einen Teil kennen lernen. Die Unmöglichkeit, sich darüber zu orientieren: 1. Was muß gemacht werden, 2. wie muß es gemacht werden, 3. was kostet es, 4. wie kann es sonst noch gemacht werden, 5. was tritt ein, wenn es anders gemacht wird, bringt es mit sich, daß der Praktikant lediglich *in der Werkstatt entweder mittels Herumstehen oder mittels Taglöhnerarbeiten die Zeit totschlägt und doch im irrigen Glauben lebt,* er nütze sich. Wollte man nun einen Zwang ausüben, recht viel Zeit in der Werkstatt zuzubringen, so hieße es nichts weiter als den Praktikanten zur Zeitverschwendung anzuhalten. Jedermann hat das Recht zu verlangen, daß, wenn man ihn zwingt Zeit aufzuwenden, die Zeit auch mit 100 % Wirkungsgrad verwendet werden kann. Dies ist nur durch Lehrwerkstätten bezw. Schulen möglich, wo dafür gesorgt ist, daß 1. das gelernt wird, was man braucht, 2. daß jeder Handgriff, den man ausführt, auch wirklich Zweck hat. Ich war in einer staatlichen Lehrwerkstätte und muß sagen, daß man in ihr in einer Woche mehr lernte als im Industriebetrieb in 2 Monaten.

23. Was ich an der Methode der Ausbildung (in preußischen Staats-Werkstätten) zu bemängeln habe, ist folgendes:

1. Die Ausbildung war zu sehr auf die Aneignung persönlicher Handfertigkeit gerichtet; so wurden z. B. in der „Lehrwerkstatt“ im ersten Monat der praktischen Tätigkeit von den Eleven Würfel und Sechskant-Prismen genau nach Winkel und Maß gefeilt, was natürlich Wochen in Anspruch nahm! Verlorene Zeit! Stattdessen wäre es viel nutzbringender gewesen, wenn der Eleve tüchtigen Arbeitern auf *die Finger gesehen hätte, Zeitmessungen* über Arbeiten derselben vor*genommen hätte* und sich selbst mit Feilen und Spänemachen an verschiedenen Materialien nur soweit beschäftigt hätte, um ein Urteil über die Verschiedenheit der Materialien zu gewinnen.

2. Die Ausbildung geschah ohne genügende persönliche Überwachung und Anleitung durch akademisch gebildete Kräfte. Ich bin der Meinung, daß der angehende Akademiker durch einen Akademiker erzogen und nicht den Meistern oder Arbeitern überlassen werden darf, wie es mir geschah. Der Meister hat naturgemäß das Bestreben,

aus seinem Schutzbefohlenen einen Meister zu machen, sagen wir einen tüchtigen Handwerker; und das ist falsch. Daher: praktische Arbeit unter der Leitung eines erfahrenen Akademikers!

3. Die Ausbildung in den Eisenbahnwerkstätten ist nicht umfassend genug. Sehr wichtige Gebiete fehlen ganz, so z. B. die Eisengießerei. Auch das Fehlen von Expedition und Versand wird mit Bedauern konstatiert werden müssen. Genügen tun Schlosserei und Montage, Hobeln, Fräsen, Bohren. Die Dreherei läßt manches zu wünschen übrig, da Massenfabrikation auf Revolverbänken und Automaten fehlt. Es wäre daher richtig gewesen, zur Ergänzung der vorhandenen Lücken zum mindesten Dreherei und Gießerei einer modernen Fabrik zu besuchen.

24. *Ein halbes Jahr (vor dem Studium), das übrige halbe Jahr* in den Hochschulferien in einer preußischen Eisenbahn-Hauptwerkstatt.

Die Ausbildung in einer Eisenbahnwerkstatt ist speziell auf Anwärter für den höheren maschinentechnischen Staatsdienst zugeschnitten, kann also wegen ihrer Eigenheiten (keine Montage von neuen Maschinen, sondern nur Reparaturen) nicht ohne weiteres zum Maßstab für die allgemeine Ausbildung genommen werden. Immerhin ist der durch Bestimmungen genau geregelte Gang der Ausbildung sehr gut geeignet, den gewünschten Erfolg zu gewährleisten.

26. Ich habe nach Abschluß der Mittelschule zuerst ¼ Jahr ohne besondere technische Vorkenntnisse in einer kleineren Fabrik (hauptsächlich in der Schlosserei) gearbeitet, erhielt dort zwar einige Anleitung, hätte aber davon mehr Vorteil gehabt, wenn ich bereits einige technische, insbesondere technologische Vorkenntnisse mitgebracht hätte. Die übrige Praxis absolvierte ich während der Hochschulferien (verteilt über drei Jahre) in einem großen modern eingerichteten Werk. Dabei hatte man sich zwar in der Regel in den Werkstätten aufzuhalten, denen man zugeteilt war, konnte aber auch andere Werkstätten besuchen. *In der Dreherei, Fräserei, Hobelei* usw. waren, soviel ich weiß, damals Praktikanten *nicht oder nur ganz* ausnahmswise beschäftigt, und ich hatte auch keine Gelegenheit, diesen Werkstätten zugeteilt zu werden, sondern war nur in der Gießerei, Modelltischlerei und Montage tätig. In den darauf folgenden Ferien war ich dann nochmals in einer kleineren Fabrik ¼ Jahr tätig, wo ich mir einen allgemeinen Überblick verschaffte und auch Gelegenheit erhielt, einen gewissen Einblick in die kaufmännische Leitung und Korrespondenz zu nehmen.

Wenn ich heute nochmals praktizieren sollte, würde ich sehen, auch noch zu einer größeren auswärtigen Montage zu kommen und ferner einige Zeit in der Dreherei, Fräserei, Hobelei, Rundschleiferei usw. arbeiten zu können.

Im allgemeinen fehlt es wohl zumeist überall daran, daß der junge Praktikant ohne eine geeignete Anleitung Gefahr läuft, seine Aufmerksamkeit auf Einzelheiten zu lenken, die weniger wichtig sind, und nicht den Gewinn von seiner praktischen Tätigkeit hat, den er haben könnte. Ich empfehle daher, daß auf der Hochschule in den ersten Semestern den Studenten diesbezügliche Winke gegeben werden möchten und die Praxis in einen mehr vorbereitenden und einen zweiten Teil zerlegt werde, welch letzterer eigentlich als Teil des Studiums aufzufassen wäre.

28. Falsch war, daß ich als Elektro-Ingenieur meine Praxis ganz in einer Maschinenfabrik durchmachte. Vielmehr hätte ich wenigstens das zweite Halbjahr in einer Fabrik der elektrotechnischen Branche zubringen müssen, und zwar etwa zwei Monate in der Wickelei, Stanzerei und den anderen elektrotechnischen Spezialabteilungen und vier Monate in der Montage. Ungünstig war die Wahl der betreffenden Eisenbahn-Hauptwerkstätte, weil dort eine Eisengießerei fehlte.

Technische Vorkenntnisse besaß ich nicht, sie sind nicht erforderlich; besondere Zeit darauf zu verwenden, würde ich für falsch halten.

29. Ich habe vor meinem Studium sechs Monate in einer Maschinenfabrik und Schiffswerft gearbeitet. Zur Ausbildung der Volontäre war ein besonderer Meister angestellt, welcher aber auf die Erreichung von Handfertigkeiten zuviel Gewicht legte. Ich arbeitete in verschiedenen Werkstätten, da ich aber von der Technik nur sehr wenig Ahnung hatte, so habe ich für den Beruf nur wenig Wertvolles kennen gelernt. Darauf arbeitete ich kurz vor dem Vorexamen in einer Lokomotivfabrik. Da ich hier überall Zutritt hatte und mir viel Freiheit gewährt wurde und ich durch das Studium manche Kenntnisse angeignet hatte, so habe ich hier vieles gelernt, was ich in meiner praktischen Tätigkeit als Konstrukteur sehr gut verwerten kann. Wenn ich in dem letzten Werk (ca. 1200 Arbeiter) auch nie an der Drehbank gearbeitet habe, so habe ich durch einen ständigen täglichen Besuch der betreffenden Abteilung eine genaue Kenntnis der verschiedenen Bearbeitungsmethoden erworben. Zum Schluß habe ich kurz vor dem Hauptexamen nochmals drei Monate gearbeitet, in welcher Zeit ich auf Grund der während meiner Tätigkeit in der Lokomotivfabrik gemachten Erfahrungen meine Kenntnisse erweiterte. Tatsächlich gelernt habe ich nur während drei mal zwei Monate. Daß ich die Vorlesungen besser verstanden habe, weil ich vorher praktisch gearbeitet habe, ist ausgeschlossen.

30. Das Werk, in welchem ich praktizierte, hatte etwa 150 Arbeiter und war für die praktische Ausbildung sehr geeignet, da es Schlosserei, Schmiede, Eisengießerei, Metallgießerei, Metalldreherei für Massenartikel, Kesselschmiede, Modellschreinerei usw. umfaßte. Die Fabrik baute die verschiedenartigsten Maschinen und Apparate. Zuerst habe ich in der Schlosserei etwa drei Monate gearbeitet; dann wurde ich an den verschiedenen Bearbeitungsmaschinen (Drehbank, Hobelmaschine, Bohrmaschine usw.) beschäftigt, zusammen etwa drei Monate. Danach arbeitete ich in der Schmiede und Kesselschmiede ca. einen Monat, alsdann in der Metalldreherei (Dreherei für kleinere Teile und Massenartikel aus Messing und Bronze) ca. einen Monat, hierauf in der Metallgießerei ca. einen Monat, Eisengießerei ca. einen Monat, endlich ca. zwei Monate in der Montagewerkstatt für Betriebsmaschinen und Apparate für chemische Industrie. Bei meiner Ausbildung habe ich eigentlich nur das Fehlen moderner Werkzeugmachinen vermißt. Im übrigen war die Ausbildung der kurzen Zeit entsprechend recht vorteilhaft.

34. Zu der Ausbildung, die mir in einer großen Fabrik (Spezialität Landwirtschaftliche Maschinen) zuteil wurde, möchte ich bemerken, daß ich das Grundlegende der Modelltischlerei, Gießerei, Schlosserei, Dreherei, Schmiedearbeit, elektrischen Installation praktisch kennen lernte, also alles das, was für mein sich anschließendes Studium des Maschinenbaues und der Elektrotechnik wohl wünschenswert war. Meiner Neigung zur Elektrotechnik kam die Beschäftigung mit Installationen etwas entgegen, und da ich bald begriff, wie eng Maschinenbau und Elektrotechnik zusammengehören, sagte mir der Ausbildungplan zu, der übrigens für die Volontäre, welche später Staatsexamina machen wollten, obligatorisch war.

Bei der größeren Zahl der Volontäre konnte auf den einzelnen besondere Mühe nicht verwendet werden, doch wurde darauf gesehn, daß möglichst jeder die Abteilungen in der oben genannten Reihenfolge kennen lernte. Am längsten wurden die Praktikanten in der Schlosserei beschäftigt. Technische Vorkenntnisse hatte ich nicht, nur starkes Interesse brachte ich mit und daher ist es natürlich, daß mich die neuen Eindrücke anregten und zur inneren Verarbeitung nötigten. Die erhaltene Ausbildung auf allgemeiner Grundlage erwies sich nachher beim Studium recht vorteilhaft, obwohl sie nur zehn Monate dauerte, und es wäre mir recht unangenehm gewesen, wenn ich sie nach dem Studium hätte nachholen sollen.

36. Ich habe in einer preußischen Eisenbahn-Hauptwerkstätte praktisch gearbeitet, ein halbes Jahr vor dem Studium, die andere Hälfte des Jahres während der Sommerferien. Technische Vorkenntnisse besaß ich nicht. Die eigentliche praktische Ausbildung lag bei nur sehr oberflächlicher höherer Kontrolle in den Händen der Meister. Ein sehr großer Übelstand, da die Meister nicht in der Lage sind, es auch nicht sein können, den eigentlichen Zweck der Ausbildung zu erkennen. Nach dem, was ich während der Ausbildung gelernt, wie nach den Erfahrungen, die ich später gesammelt, scheint mir der Punkt der wichtigste zu sein, daß die richtige Anleitung gefunden ist, nicht nur die Anleitung der Meister oder Gesellen in der praktischen Ausübung, sondern die Anleitung des gebildeten Vorgesetzten. Ein solcher Vorgesetzter muß ein Führer in der ganzen Ausbildung sein, der sie überwacht, über Ziel, Zweck der Arbeit Vorträge hält und dem Praktikanten in einfachster, faßlicher Form den ganzen Betrieb erläutert. Er muß den Praktikanten mit allen Vorgängen bekannt machen, ihn auf alle Verhältnisse, auf Arbeiter, Verwaltung usw. aufmerksam machen. Die Handfertigkeit allein macht es nicht. Der junge Mensch soll auf alles aufmerksam gemacht und angeregt werden, er bedarf hierzu eines gebildeten Führers.

37. Ich habe in einer mittleren Maschinenfabrik (600 Arbeiter) praktisch gearbeitet und zwar 2 Monate Gießerei, 1½ Monate Kesselbau, 2 Monate Schlosserei, 2½ Monate Montageabteilung für Dampfmaschinen und Pumpen und die übrigen 4 Monate auf Montagen in Wasserwerken. An dieses praktische Jahr schloß sich dann bei der gleichen Firma ½ Jahr Bureautätigkeit und zwar war ich im technischen Bureau, Abteilung Brückenbau und Eisenkonstruktionen (Material- und Gewichtsauszüge) und der Anfertigung von Detailzeichnungen und sonstigen zeichnerischen Arbeiten beschäftigt. Während dieser Bureauzeit erhielt ich Gehalt. Außerdem war ich während meines Studiums 7 Monate lang im Konstruktionsbureau und auf Montagen in einer kleinen Fabrik für Dampfkessel und rauchlose Feuerungen tätig. Diese Fabrik bezog die Teile nach ihren Konstruktionszeichnungen von anderen Firmen und montierte sie dann selbst. Ich halte eine ähnliche Einstellung für sehr empfehlenswert, da sie mir selbst einen guten Überblick über die später verlangten Anforderungen und eine gute technische Grundlage gegeben hat.

38. Meine technischen Vorkenntnisse waren gering. In den Eisenbahnwerkstätten lernte ich Schlosserei, Dreherei, Tischlerei, Gießerei, Schmiede, Kesselschmiede, Kupferschmiede, Stellmacherei, Klempnerei, Glaserei, Sattlerei, Lackiererei und einige kleine Nebenbetriebe kennen, also recht vielerlei. Leider waren wir Praktikanten fast vollständig uns selbst überlassen. Eine zielbewußte Leitung für die Ausbildung (den vorgeschriebenen Ausbildungsplan ausgenommen) fehlte, die Meister kümmerten sich kaum um uns. Von einem der leitenden Herren wurde ständiges Arbeiten am Schraubstocke gewünscht: wehe dem, der sich bei der Besichtigung eines besonders interessanten Falles erwischen ließ. Infolgedessen hatte das erste halbe Jahr vor dem Studium nicht voll befriedigt. Mit wesentlich anderen Augen sah ich den Werkstattsbetrieb in den während der Ferien abgeleisteten Abschnitten der praktischen Tätigkeit an der Hochschule, weil es ältere Kollegen verstanden hatten, meine Aufmerksamkeit auf das wesentliche und wichtige zu lenken.

Leider war in den Eisenbahnwerkstätten keine Gelegenheit gegeben, den modernen Maschinenbau auf Grund der Konstruktionszeichnungen und als Massenfabrikation kennen zu lernen. Meine letzten Hochschulferien benutzte ich, um auf einem großen Konstruktionsbureau im allgemeinen Maschinenbau (Dampfmaschinen) tätig zu sein. Während die Ausbildung bei der Eisenbahn noch Geld gekostet hatte, bekam ich hier bereits eine Vergütung. Die konstruktive Tätigkeit hat mir sehr gute Dienste geleistet, ebenso auch ausgedehnte Studienreisen.

Zusammenfassend bemerke ich, daß ich mit meinem Ausbildungsgange — abgesehen von der mangelnden Leitung bei der praktischen Ausbildung — vollkommen zufrieden bin.

39. Ich habe hauptsächlich auf Veranlassung eines sehr bekannten Leiters einer großen Maschinenbau-Aktiengesellschaft zwei Jahre praktisch gearbeitet und zwar unmittelbar nach dem Abitur und vor dem Militärjahr; Volontäre wurden damals bei dem in Frage stehenden Werke nicht angestellt, es wurde daher der Ausweg geschaffen, daß ich als Lehrling mit normaler Lehrlingsbezahlung jedoch auf zwei Jahre abgekürzter Lehrzeit arbeiten konnte. Um mir die Staatslaufbahn frei zu halten, arbeitete ich als Maschinenbaueleve unter staatlicher Aufsicht, d. h. ich mußte meinen Geschäftsbericht jeden Monat mit Angabe der ausgeführten Arbeiten an die Königl. Eisenbahn-Direktion einsenden. Ich habe ½ Jahr in der Werkzeugschlosserei, ¼ Jahr in der Schmiede, 5 Monate in der Dreherei gearbeitet und dann ¼ Jahr Tischlerei, ¼ Jahr Gießerei und zuletzt 4 Monate in der Montageschlosserei.

Die Bezahlung hat mich immer wieder veranlaßt, recht pünktlich zur Arbeit zu erscheinen und auch fleißig zu arbeiten.

Auf diese Weise habe ich eine ganz vorzügliche praktische Ausbildung durchgemacht. Von sämtlichen Vorgesetzten, vor allem von der Direktion bin ich in jeder Hinsicht nach Kräften unterstützt worden. Die Ausbildung hätte höchstens den Fehler, daß zwei Jahre vor dem Studium eine lange Zeit ist. Es ist ja auch ohne weiteres möglich, mit einem Jahr, aber nicht weniger, auszukommen: Darauf diente ich und ich habe dann später leider die Herbstferien zu militärischen Übungen bzw. zur Vorbereitung zum Vorexamen benutzt.

Ich halte es für außerordentlich wichtig, daß die ersten Herbstferien während des Studiums vor dem Vorexamen auch zum praktischen Arbeiten benutzt werden. Gerade davon ist das Verständnis für die Werkstattszeichnungen das richtige, und kann man sehr viel lernen. Persönlich habe ich immer lebhaft bedauert, daß ich selbst dazu nicht gekommen bin. Die militärischen Uebungen hätte ich ja auch ohne weiteres später ableisten können. Für ebenso wichtig halte ich, daß die Studierenden nach dem Vorexamen nach Möglichkeit in einem Bureau aushilfsweise während der Ferien tätig sind. Dadurch bekommen die Studierenden rechtzeitig einen Einblick, was die spätere Praxis von ihnen verlangt, und auf was sie während des Studiums hauptsächlich Obacht geben müssen. Im allgemeinen haben sämtliche Akademiker sich ihre spätere Praxis ganz anders vorgestellt, als sie in Wirklichkeit ist, und dadurch gibts dauernde Enttäuschungen.

40. Ich habe als Schüler eines Gymnasiums in 10 monatlicher Werkstattarbeit in einem ganz kleinen Betriebe sehr viel gelernt, dann später während einer sechsmonatlichen Tätigkeit (Sommer 1895) in einer Königl. Preuß. Haupteisenbahnwerkstatt vor meinem Studium so gut wie nichts dazu gelernt.

Nutzen durch eine sogenannte „orientierende Tätigkeit“ habe ich *erst ziemlich spät nach* voller Beendigung des Studiums gehabt. Die traurigen Erfahrungen in der Eisenbahn-Hauptwerkstatt veranlaßten mich, diesen Zweig der technischen Ausbildung nach halbjähriger Tätigkeit abzubrechen und nicht wieder aufzunehmen.

42. Nach Absolvierung des Vollgymnasiums besuchte ich zunächst ½ Jahr die technische Hochschule zu Berlin und begann erst darauf meine eigentlich praktische Tätigkeit in einer Königl. Preuß. Eisenbahn-Hauptwerkstätte. Diese Werkstätte diente nur der Wagenreparatur. Hierselbst war ich 1½ Monat in der Eisendreherei und 1½ Monat in der Modellschreinerei, zusammen also 3 Monate beschäftigt. Hiernach wurde ich nach einer Lokomotiv-Reparatur-Hauptwerkstätte versetzt und verblieb dort sechs Monate in der Schlosserei, 1 Monat und 23 Tage in der Dreherei und Schmiede und endlich 1 Monat und 7 Tage in der Formerei und Gießerei (nur Gelbguß und Lagermetall). Das Studium vor der praktischen Tätigkeit hat für mich wenig Erfolg gehabt, da für das erste Eindringen in den Maschinenbau eine Kenntnis der Arbeitsvorgänge in einer Fabrik unerläßlich ist.

Über die praktische Ausbildung selbst kann ich berichten, daß die Werkleitung bemüht war, die Eleven möglichst weitgehend auszubilden und sie mit allen Einzelheiten der Fabrikation bekannt zu machen. Es war auch eine genaue Kontrolle über das Erscheinen der Eleven durchgeführt. Daß nicht in allen Fällen das Ziel erreicht wurde, lag zum großen Teil an dem Umstand, daß die Eleven nicht das richtige Verständnis für ihre Aufgabe hatten, so daß ich eine Belehrung am Platze halte.

Daß ich das ganze Jahr ohne Unterbrechung gearbeitet habe, war für mich nicht sehr vorteilhaft. In der Mitte des Studiums hat man für viele Vorgänge in einer Fabrik erst die Unterlagen für ein richtiges Verständnis der auf den Eleven einwirkenden zahlreichen und daher verwirrenden Eindrücke. Auf Grund meiner Erfahrungen muß ich daher eine Teilung der praktischen Arbeitszeit befürworten.

43. Meine eigene praktische Tätigkeit habe ich im Sommer 1902 (sieben Monate) und in den beiden Jahren darauf (je zwei Monate) in den Eisenbahnwerkstätten der preuß. Staatsbahn absolviert (Lokomotiv- und Waggonwerkstätte). Die preußische Normalausbildung dürfte bezüglich Zeiteinteilung usw. bekannt sein. Die in Frage stehende Hauptwerkstatt galt damals als eine der besteingerichteten der königl. Staatsbahn. Technische Vorkenntnisse waren bei uns sämtlichen „Eleven" annähernd gleich Null; Unterweisung durch den vorgesetzten Bauinspektor gleichfalls. Kenntnis wirklich geeigneter Literatur auf beiden Seiten ebenfalls nicht vorhanden; Brosius & Kochs Schule des Lokomotivführers „d a s" Lehrbuch für die Strebsamen. Dementsprechend die Ausbildung fast rein handwerksmäßig, in diesem Sinne bei einem ganz guten Arbeitermaterial nicht schlecht.

Zu weiterer Ausbildung war ich gegen Ende meines Studiums noch für ca. sechs Wochen in eine kleine Eißengießerei gegangen (die Eisenbahnwerkstätten in Preußen haben außer Grunewald m. W. keine Eisengießerei). Hier habe ich unter Verzicht auf weitere Anweisung durch die Werkleitung manches praktisch Wertvolle gelernt; ich wußte eben aus dem Studium bzw. aus selbst beobachteten Lücken, was ich in der Werkstatt sehen wollte. Ich kann daher aus eigener Erfahrung nur nochmals empfehlen, mindestens einen Teil der Praxis hinter das Studium zu verlegen.

Ich habe im Jahre 1901/02 in einer mittleren Maschinenfabrik von ca. 150 Arbeitern in einer Stadt der Provinz Brandenburg ein Jahr ohne Unterbrechung gearbeitet, hatte jedoch auch vorher Gelegenheit, industrielle Betriebe kennen zu lernen. Gebaut wurde, von Spezialmaschinen abgesehen, fast alles, was die umliegende, vorwiegend ländliche Industrie verlangte. Demgemäß spielten Reparaturen eine große Rolle. Die Zeiteinteilung erfolgte nach den besonderen Vorschriften. Nebenher wurde jedoch jede Möglichkeit benutzt, bei Gelegenheit von Montage und dergleichen andere Betriebe, Gruben, Brennereien, Dampfer und dergleichen kennen zu lernen, was ich für sehr wertvoll und anregend halte, und wozu die Gelegenheit in großen Spezialbetrieben fast immer fehlen dürfte. Der Mangel der Ausbildung in einem kleineren Betriebe, den ich darin erblicke, daß wie im vorliegenden Fall die Bearbeitungsmaschinen nicht auf der Höhe waren, daß keine mechanischen Hämmer, keine Preßluftwerkzeuge und dergleichen vorhanden waren, dürfte hierdurch wohl ausgeglichen werden. — Auch halte ich es für sehr angebracht, wenn der Volontär eine gewisse Zeitlang an der Anreißplatte arbeitet, wofür im vorliegenden Falle auch keine Gelegenheit gegeben war.

45. Meine praktische Ausbildung erfolgte im wesentlichen während eines Jahres vor dem Studium: technische Vorkenntnisse in beschränktem Umfange aus dem Handfertigkeitsunterricht und Physik. Praktikum vom Realgymnasium (beides fakultativ) vorhanden. ¼ Jahr Lokomotivführer. Dienst nach der Vorprüfung war eine praktische gute Ausarbeitung während der großen Ferien.

Meine praktische Ausbildung war äußerlich für den höheren technischen Staatsdienst im Maschinenbaufach für Sachsen zugeschnitten. Die im Jahre 1899 vorhandenen Andränge von Eleven zu den Staatswerkstätten zwangen mich, mit Genehmigung der betreffenden Behörde ¾ Jahr in einer größeren Maschinenfabrik praktisch zu arbeiten. Betrieb ca. 250 Arbeiter, modern eingerichtet. Je ca. 6 Wochen: Schlosserei, Dreherei; je 8 Wochen: Modelltischlerei, Gießerei, Schmiede; Restzeit in Montage und Probierstand. Viertes Vierteljahr in einer Königlichen Lokomotiv-Reparaturwerkstatt Sachsens in der Reparatur und Montage (Lokomotiv-Probefahrten). Während des ganzen Ausbildungsjahres mußte ein Geschäftsverzeichnis geführt werden, welches monatlich von den jeweiligen Betriebsleitern, vierteljährlich von der ausbildenden Dienstbehörde kontrolliert wurde. Dies Verzeichnis hat m. E. entgegen aller sonstwelchen Kritik den großen Nutzen, daß sich der Eleve selbst zwingt, über das zu Leistende, Geleistete und Nichtgeleistete dauernd Rechenschaft abzulegen, was sonst beim Fehlen dieses Zwanges in den seltensten Fällen nur erfolgen würde.

48. Ich bin mit der mir zuteil gewordenen Ausbildung in einer alten kleinen Berliner Maschinenfabrik, der ich mich auf gut Glück anvertraute, außerordentlich unzufrieden. Von einer Ausbildung war überhaupt keine Rede, die *Eleven mußten jede kleine Unterweisung von den Arbeitern durch Trinkgelder erkaufen.*

51. Die Erfahrungen während meiner praktischen Tätigkeit waren im großen Ganzen zufriedenstellend; vermißt habe ich eine vernünftige Anleitung, da ich von der Technik nur die allgemein übliche laienhafte Vorstellung hatte. Meine praktische Tätigkeit umfaßt insgesamt einen Zeitraum von etwa drei Jahren.

Zuerst anderthalb Jahr in einer Schiffswerft, wo ich in der Schiffstischlerei, auf dem Schnürboden, dem Eisenschiffbau, sowie der Schlosserei beschäftigt wurde. Sehr schlechte Anleitung. Es herrschte die Auffassung, als ob jeder Praktikant irgend ein Meisterstück der Schlosserei oder Tischlerei am Ende seiner Lehrzeit fertig bringen müßte. Zu verpflichten hatte ich mich auf eine vierjährige praktische Tätigkeit, andernfalls eine gestellte Kaution von 3000 Mark verfallen sollte. Infolge Krankheit löste ich den Vertrag und ging später auf eine andere Werft, wo ich bei einem akademisch gebildeten Betriebsingenieur und einem tüchtigen Meister und Vorarbeiter eine sehr gute Lehrzeit durchgemacht habe. Beschäftigt war ich in der Gießerei, der Schlosserei, der Montage an Land und an Bord sowie dem Eisenschiffbau.

53. Mir ist meine praktische *Ausbildung sehr wertvoll,* wenngleich ich gestehen muß, daß *mangelnde theoretische Ausbildung mir* beim Verständnis der gesamten Maschine verschiedentlich hinderlich war, doch ging mir später dann beim Studium der betreffenden Sache ein Licht auf über das Warum von damals. Die Ursache war da eben, daß meine praktische Ausbildung diesen Gebieten vorausging. Ich praktizierte in zwei Jahren jeweils in den Ferien. Nach dem Militärjahr vier Monate als Elektrohilfsmonteur. Meine andere Ausbildung erstreckte sich auf Maschinenbaugebiet (ca. sieben Monate).

Letztere Ausbildung war mir von großem Nutzen als Maschinenkonstrukteur. Die Erfahrungen der elektrotechnischen Ausbildung konte ich bisher nicht viel verwenden, da sich diese auf Installation und Montage von Licht- und Kraftanlagen erstreckte und ich jetzt als Berechnungs-Elektroingenieur keine Gelegenheit zur Anwendung habe.

Als wichtigster Grundsatz gilt mir unter den werdenden Ingenieuren das soziale Verständnis für Arbeiter und Arbeiterfragen während der praktischen Ausbildung vorzubereiten, welches auf der Hochschule oft gar nicht oder einseitig vertreten ist. Selbst wenn später auch dazu keine Verwendung vorhanden ist, so war und ist mir dies neben den erworbenen *praktischen* Kenntnissen das Wertvollste meiner *Praktikantenzeit.*

Als Mangel einer praktischen Ausbildung ist mir während meiner damaligen Ausbildung aufgefallen, daß viele meiner Kollegen sich der geltenden Fabriksordnung entzogen haben und oft halbe Tage lang in einer verborgenen Meisterstube sich die Zeit mit Kartenspielen usw. vertrieben haben, halb geduldet und übersehen, oder im Stehkragen oder sonstigen feierlichen Aufputz das Gelächter der Arbeiter hervorbrachten, ich möchte fast sagen, während ihrer Praktikantenzeit Arbeiterkavaliere gespielt haben. Eine wohl allenthalben beobachtete Erscheinung.

59. Ich habe in einer großen Maschinenfabrik gearbeitet und trotz meines besten Willens nichts lernen können, da jeder Versuch meinerseits, praktische Kenntnisse zu erlangen, von der Fabriksleitung nach Möglichkeit vereitelt wurde. Die Arbeitszeit ist für mich fast verloren gewesen.

60. Ich habe insgesamt zwei Jahre praktische Arbeitszeit vor Beginn des Studiums absolviert und war ein Jahr und vier Monate in einer größeren Maschinenfabrik, zwei Monate in einer Eisengießerei und sechs Monate in einer elektrotechnischen Fabrik. Diese, über das *übliche Maß hinausgehende* praktische Ausbildung hat das Verständ*nis des Studiums* sehr erleichtert, und die gesammelten praktischen Erfahrungen sind mir hauptsächlich während meiner Tätigkeit im Konstruktionsbüro sehr zustatten gekommen.

61. Ich selbst habe in einer Lokomotivfabrik ein Jahr in den Werkstätten gearbeitet nach den Bestimmungen des Staatsdienstes für die Maschinenbaubeflissenen und war je zwei Monate in der Modellschreinerei, Gießerei, Schmiede, Dreherei, Werkzeugmacherei und Montage. Danach war ich im ganzen acht Monate teils im Anschluß an das praktische Jahr, teils in den Ferien auf dem Lokomotivbüro derselben Firma, von wo ich jederzeit in die Werkstätten gehen konnte. Gerade das Letztere möchte ich als sehr lehrreich empfehlen; es bietet dem angehenden Konstrukteur Gelegenheit, sich in die Praxis des Konstruktionsbüros einzuarbeiten, bei einer gegebenen Arbeit sich vorher in der Werkstatt zu orientieren, sich dort Rat zu holen und nachher seine Konstruktion ausgeführt zu sehen und selbst beurteilen zu können.

62. Eine allgemein gültige Lösung dieser Frage wird sich niemals ergeben, weil es sehr verschiedene Arten von Ingenieuren gibt. Ich unterscheide da in allererster Linie zwischen solchen, die ihrer Veranlagung gemäß mehr der Theorie, und solchen, die mehr der Praxis zuneigen.

Da man während des praktischen Jahres aber praktisch lernt, sollte der Theoretiker mehr Zeit dazu aufwenden, wie der Praktiker. Dieser kann die Zeit besser zu theoretischen Studien benutzen. Denn die Hochschule strebt eine möglichst gute Allgemeinbildung des Ingenieurs mit Recht an, und zu dieser gehören für unseren Stand sowohl Theorie wie Praxis.

Allgemein gültige Vorschriften können bessern, aber sie treffen nicht alles.

Die Ausbildung des Eleven muß bis zum gewissen Grade individuell sein und bleiben. Ein strebsamer junger Mann wird instinktiv meist den richtigen Weg gehen. Ich verspreche mir aber eine große Besserung des praktischen Jahres dadurch, daß sich überall das Bestreben geltend macht, die Diplom-Ingenieure mehr und mehr im Betriebe zu verwenden.

Diese werden dem jungen Kollegen mit Verständnis helfen können, und sei es nur hie und da durch zwei Worte, die bei geeigneter Gelegenheit angebracht sind.

Hier könnte m. E. durch eine kleine Broschüre den Betriebsingenieuren Anregung gegeben werden.

63. Nach Besuch eines Realgymnasiums habe ich von Oktober 1897 bis August 1899, also ein Jahr und elf Monate praktisch gearbeitet (unter Kontrolle der königlcihen Eisenbahndirektion Hannover) und dabei im ersten Jahre alle Werkstätten durchgemacht, Schmiede und Dreherei nur kurz (je einen Monat), Modellschreinerei und Gießerei länger (zusammen sechs Monate) und Maschinenschlosserei vier Monate, dann im zweiten Jahre Montage größerer Maschinen in der Werkstatt und an Bord (z. B. Einbau einer vollständigen Maschinen- und Kesselanlage auf einen Saugbagger, vollständige Maschinenproben mit Probefahrten usw., Montage der beiden Hauptmaschinen für einen kleinen Kreuzer). Erst in der Werkstatt, dann Einbau an Bord (teilweise Versuche mit Wasserrohrkesseln, Landversuche der Marine usw.), alles als jugendlicher Arbeiter mit einem Stundenlohn von zuerst 3 Pf., später 15 Pf., bei Probefahrten usw. erhöhte Löhne, aber dann auch vollständiger Dienst als Assistent, wie der richtige Maschinenbauer. Das letzte Jahr wäre vielleicht noch nutzbringender und interessanter gewesen, wenn ich etwas mehr Ahnung von Theorie usw. gehabt hätte, speziell bei den verschiedenen Proben und Versuchen. Ich hatte das Glück, einen Betriebsingenieur zu haben, wie man ihn geeigneter selten finden wird: scharf in seinen Ansprüchen, aber immer bereit, Erklärungen und Hinweise zu geben, der sich aber auch nicht scheute, einmal einen Posten zu geben, der im gewöhnlichen Betriebe einem Volontär nicht gegeben wird, und der versuchte, die fehlenden theoretischen Kenntnisse durch kurze Erklärungen zu ergänzen.

Anderthalb Monate habe ich dann, um auch das richtige Leben des angestellten praktischen Maschinenbauers kennen zu lernen, als richtiger Arbeiter, d. h. Heizer und Maschinenwärter auf dem Pumpwerke der Stadtwasserkunst einer großen Stadt, darunter sechs Wochen vor den Feuern gestanden, Tag und Nacht Dienst in der Pumpstation getan, Pumpen im Betriebe beobachtet usw. Hierbei hatte ich in einem bekannten Pumpenbauer einen hervorragenden Lehrmeister, welcher es verstand, auch mir Einblicke in die Betriebsverwaltung einer großen Maschinenanlage zu geben. Diese Ausbildung hat mir mein Studium sehr erleichtert, und bezeichnend dürfte es sein, daß bei den großen Verdampfungs- und Kraftmeßversuchen im Ingeniuer-Laboratorium eines Tages unser Lehrer zu mir sagte: „Sie scheinen eine ausgiebige praktische Ausbildung genossen zu haben“.

66. Ich habe vor dem Studium ein Jahr praktisch gearbeitet. Technische Vorkenntnisse besaß ich nicht. Meine praktische Tätigkeit fand in Kleinbetrieben statt. Ich habe sehr viel unter die Hände bekommen, so daß ich einen großen Gewinn von meiner praktischen Tätigkeit hatte. Trotzdem hätte ich während des Studiums manchmal gern das im Semester Gehörte noch einmal in der Praxis durchgemacht, um das Gehörte durch die Anschauung zu ergänzen und zu vertiefen.

Bei der einen Firma habe ich weder Lohn bekommen noch Lehrgeld gezahlt, bei der anderen Firma erhielt ich 10 Pf. Stundenlohn; letztere Firma hat diesen Modus bei ihren Volontären eingeführt, um die Volontäre an ihrer Arbeit zu interessieren.

68. Ich habe ein Jahr hintereinander in einer königlichen Werkstatt gearbeitet. Das riet mir ein Verwandter, der selbst ein namhafter und erfolgreicher Zivilingenieur war. Der Rat war falsch. Vielleicht habe ich dadurch ein Semester verloren. Die Ausbildung an und für sich in der königlichen Werkstatt war ungenügend. Es fehlte nahezu an jeder Unterweisung. Namentlich hatte man niemand, der einen darauf hinwies, worauf es ankommt und zu welchem Zwecke überhaupt die praktische Ausbildung dient.

Meine eigentliche praktische Ausbildung war, wie gesagt, mäßig. Ich habe alles erst *in der Praxis als junger Mann nachholen müssen.* Ich habe hierzu *in einer hervorragenden Maschinenfabrik in* der Spezialität Kraftmaschinen reichlich Gelegenheit gehabt. Die Ferien konnte ich wegen militärischer Uebungen oder Vorbereitungen zum Examen nicht benutzen.

69. Ich habe ein halbes Jahr in einer kleinen Maschinenfabrik (60 Arbeiter) mit Gießerei gearbeitet, in der besonders Schiffsdampfwinden hergestellt werden. In diesem halben Jahre habe ich mich in der Schlosserei, Schmiede und Dreherei beschäftigt. Später habe ich die Sommerferien einmal benutzt, um in der Gießerei und Modellschreinerei zu arbeiten. Bezahlt und bekommen habe ich nichts, mußte die Arbeitszeit aber pünktlich einhalten. Diese Ausbildung war zweckentsprechend, wenn auch etwas kurz.

72. In zwei preußischen Eisenbahnwerkstätten, woselbst ich arbeitete, habe ich keinerlei fachliche Anleitung oder Förderung der Praktikanten durch die leitenden Ingenieure gefunden. Ein jeder mußte selbst zusehen, wie er innerhalb des schematisch vorgeschriebenen Ausbildungsganges von den Arbeitern und Werkführern bzw. Meistern etwas lernen konnte. Die zugewiesenen Arbeiten waren meist ganz nach Zufall ausgewählt, *ohne richtigen Aufbau. Jeder berufliche Zusammenhang fehlte.* Das sogenannte „Tagebuch“, *welches geführt* werden mußte, enthielt eine einfache Aufzählung der geleisteten Arbeiten, zuweilen mit Skizzen, die, soweit mir erinnerlich, nie verbessert wurden. Der Beamtenkörper war offenbar mit anderen Arbeiten überlastet und konnte sich der Ausbildung gar nicht widmen. Die Mehrzahl der Praktikanten verlor dadurch das lebendige Interesse und das Verantwortlichkeitsgefühl für gründliche Ausnützung der wertvollen Zeit.

73. Ich selbst bin Elektrotechniker, habe vor dem Studium ein halbes Jahr, später in den großen Ferien gearbeitet. Zuerst in einer königlichen Eisenbahnwerkstatt, dann in dem Maschinenraum eines Schiffes und als Hilfsmonteur (Volontär) in einer elektrischen Zentrale.

Die Eisenbahnwerkstatt hatte zwar einen vorgeschriebenen Ausbildungsplan, erscheint mir aber nicht der gegebene Platz für eine praktische Tätigkeit.

Jedenfalls gaben mir die anderen Tätigkeiten mehr Befriedigung, da enger mit der produktiven Technik verknüpft.

76. Technische Vorkenntnisse waren bei mir nicht vorhanden. Das erste halbe Jahr vor dem Studium halte ich für ziemlich verloren, weil jegliche Anleitung fehlte.

Erst die Hochschulvorlesungen, speziell über praktischen Schiffbau, machten mir klar, wozu die praktische Arbeit da ist.

Von den Werften kann man ja vielleicht nicht verlangen, daß sie sich allzu sehr mit den Volontären abgeben. Vielleicht wäre es zweckmäßig, wenn in der Praxis stehende Kollegen freiwillig die Einführung der Volontäre in ihre neue Arbeit übernehmen würden: im Anfange jeden Semesters einige Abende: kurzer Vortrag über das Wesen des Betriebes, der wichtigsten Arbeitsvorgänge usw., Hinweise auf Benutzung der Fachliteratur. — Vielleicht könnten auch vom Verbande schriftliche Anleitungen herausgegeben werden, bei denen Hochschule und Fabrikleitung mitarbeiten müßten.

77. Die Hauptsache ist, daß sowohl Praktikant wie auch die Fabrikleitung ein lebhaftes Interesse zeigen, wirklich etwas zu leisten. Das übliche Herumspazieren der Praktikanten hat wenig Erfolg.

80. In einer königlichen Hauptwerkstatt arbeitete ich. Ich hatte absolut keine technischen Vorkenntnisse. Die allererste Zeit kümmerte sich der Vorstand um uns, ließ gelegentlich zeichnen, was ich sehr nützlich gefunden habe. Nach dessen Tode ließ die Ausbildung eine Anleitung von oben vermissen, ich war zu sehr auf mich selbst angewiesen und habe infolgedessen wenig von der Ausbildung gehabt. Ich habe diesen Mangel nur mühsam durch Werkbesichtigungen und Annahme einer Betriebsstellung ausgleichen können. — Ich machte die ganze Ausbildung hintereinander durch. Auf der Hochschule konnte ich mich auf die meisten Einzelheiten nicht mehr besinnen. Eisengießereien lernte ich erst im vierten Semester gelegentlich einer Exkursion kennen. Kurz, meine Ausbildung war so, wie sie mir nicht als Ideal vorschwebt. Trotzdem glaube ich später ein ganz guter Konstrukteur geworden zu sein und halte überhaupt die ganze praktische Arbeit, wenigstens wenn man auf der Fabrik nur geduldet und nicht systematisch ausgebildet wird, für den Konstrukteur für wenig wertvoll, wenn sie vor dem Studium liegt. Ich halte es für viel wichtiger, daß die ersten Ingenieurstellungen vielseitig sind (ich war nacheinander Konstrukteur, Betriebsleiter, im Projektbüro und in der Akquisition).

Auch in meiner Tätigkeit an der Maschinenbauschule, wo im allgemeinen als Ausbildung vorherige praktische Tätigkeit vorgeschrieben ist, sind gerade die besten Schüler diejenigen, die ausnahmsweise mit kürzerer praktischer Tätigkeit angenommen waren.

81. 'Ich arbeitete als *Praktikant in einer kleineren und später* in einer großen Maschinenfabrik, und zwar zwei Monate während der Schulferien als Unter- und Oberprimaner, zwölf Monate nach Abschluß der Abiturientenprüfung. Meine Erfahrungen gehen dahin, daß die praktische Arbeit in einer kleinen Fabrik begonnen werden soll und in einem gut eingerichteten Werk mittlerer Größe (ca. 1000 bis 2000 Arbeiter) zu beenden ist. Die praktischen Anleitungen, die mir in den genannten Werken zuteil wurden, ermöglichten mir, meinen Pflichten als Ingenieur in nunmehr 5½ jähriger Tätigkeit mit Verlassen der Hochschule vollauf gerecht zu werden.

82. Ich selbst habe nur zweimal 2 Monate praktisch gearbeitet und zwar während der Sommerferien in der Gießerei einer Lokomotivfabrik und während der Sommerferien des nächsten Jahres in der Schlosserei der gleichen Firma. Diese Tätigkeit verschaffte mir einen genügenden Einblick in die genannten Betriebszweige und ich kann es nur bedauern, daß ich nicht bereits vor dem Diplomvorexamen an praktische Tätigkeit gedacht habe.

83. Meine praktische Ausbildung habe ich in einer kleinen Fabrik genossen mit dem Vorteil, daß ich wohl die einzelnen Abteilungen, wie Schlosserei, Dreherei, *Schmiede und Modelltischlerei* eingehender kennen gelernt habe und auch *schon eine gute Fertigkeit* in diesen Abteilungen erlernt habe. Dagegen vermißte ich ganz moderne Arbeitsmaschinen, mit denen heutzutage nur eine rationelle Arbeitsmethode möglich ist. Es kommt m. E. für den Praktikanten heute nicht darauf an, selbst in den verschiedenen Zweigen des Maschinenbaues eine gewisse Fertigkeit zu erlangen, als vielleicht die Art der Materialbearbeitung in Hinsicht auf eine rationelle Arbeitsmethode kennen zu lernen.

84. Meines Erachtens genügt ein Jahr für die praktische Ausbildung, die am zweckmäßigsten in der Weise erfolgt, daß ein Halbjahr vor Beginn des Studiums und das zweite Halbjahr in die großen Ferien der Studienzeit gelegt wird. Auf diese Weise gewinnt der Studierende ein genügendes Verständnis für die Arbeitsvorgänge, das Vorbedingung für ein erfolgreiches Studium an einer technischen Hochschule ist, und hat andererseits während der Hochschulferien Gelegenheit, die während des Studiums gesammelten Kenntnisse in der Praxis zu verwerten und zu erproben. Bei der praktischen Ausbildung ist der Hauptwert darauf zu legen, daß dem Volontär Gelegenheit gegeben wird, sich nicht nur einen gewissen Überblick über die einzelnen Arbeitsvorgänge zu verschaffen — was unbedingt notwendig *ist, wenn seine späteren Konstruktionen und Maßnahmen* mit den *Ausführungsmöglichkeiten* der Werkstatt im Einklang stehen sollen — sondern auch aus eigener Anschauung die Organisation der Unternehmungen und die Denkweise der Arbeiterschaft kennen zu lernen, Faktoren, die für Herren in leitender Stellung später von großem Nutzen sein können.

Wenn aber der Volontär seine praktische Ausbildung in diesem Sinne voll ausnutzen soll, darf er nicht an die Werkbank gefesselt sein — wie es oft der Fall ist, wenn der Unternehmer für die praktische Ausbildung keine Vergütung erhält oder der Volontär gar von ihm entlohnt wird — sondern muß eine möglichst große Bewegungsfreiheit haben, die, wenn nicht anders, durch eine entsprechende Vergütung erkauft werden muß.

Der Ausbildungsgang müßte etwa der sein, daß der Volontär während des ersten Halbjahres in einer kleinen Fabrik arbeitet, in der der Anfänger leichter und schneller ein klares Bild von den einzelnen Arbeitsvorgängen zu gewinnen vermag als in dem weit komplizierterem Großbetriebe, der mehr für seine Betätigung während des letzten Halbjahres (große Ferien) in Frage kommt.

Was meine praktische Ausbildung betrifft, so ist zu sagen, daß *ich zunächst eine halbjährliche* praktische Tätigkeit in einer kleinen *Maschinenfabrik*, Eisengießerei (mit Modelltischlerei) und Kesselschmiede durchmachte, während der ich sämtliche Abteilungen kennen lernte.

In den großen Ferien meiner Studienzeit arbeitete ich in einer Lokomotivfabrik (Großbetrieb). Nach den Erfahrungen, die ich während meiner praktischen Tätigkeit gesammelt habe, lassen es die Leiter der Unternehmen, sofern sie nicht ein persönliches Interesse für den bei ihnen arbeitenden Vonlontär haben, oft an der Unterstützung fehlen, die der Anfänger unbedingt braucht, wenn er seine praktische Arbeitszeit voll ausnutzen will.

85. Ich selbst habe in drei verschiedenen preußischen Eisenbahndirektionen praktisch gearbeitet. Weiter halte ich für gut, daß die Eleven — wie in einer Eisenbahnwerkstätte der Fall ist — jede Woche einen Vormittag unter Leitung des Ingenieurs Zeichnungen nach Maschinenmodellen ausführen.

Weiter halte ich für sehr gut, daß in Eisenbahnwerkstätten die letzten 3 Monate der Montage dem Fahrdienst gewidmet sind.

86. Ich habe nur während der Ferien gearbeitet und habe mir hierbei genügend praktische Kenntnisse erworben.

88. Ich war nach einjähriger Hochschulzeit und neunjähriger Gymnasialzeit o h n e Unterbrechung praktisch tätig, und zwar ¾ Jahre im Lokomotivbau in einer sächsischen Staatswerkstätte und ¼ Jahr bei einer Privatfirma. Die Tätigkeit erstreckte sich auf Schlosserei, Dreherei, Schmiede, Montage, Modelltischlerei und Gießerei und entsprach den Vorschriften für die Staatsdienstlaufbahn bei der Staatsbahnverwaltung, also Großbetrieb. Technische Vorkenntnisse waren gering. Infolge einer natürlichen Anlage zur Handfertigkeit hatten viele Arbeiten keinen Zweck weiter für mich. Es fehlte mir jedoch an einer sachverständigen Beratung, um das damals zu erkennen. Der verbleibende Nutzen war daher gering. In anderem Falle wäre es besser gewesen, während der späteren Studienjahre oder nach seinem Ende zu arbeiten; private Verhältnisse schlossen dies jedoch aus.

89. Halte persönlich nicht viel vom praktischen Jahr. Weit lehrreicher ist die Möglichkeit, als Konstrukteur häufig in die Werkstätte zu kommen und die gebaute Maschine selbst auf den Weg zu bringen.

90. Meine praktische Tätigkeit begann ich in einer kleineren Berliner Maschinenfabrik, welche Dampfmaschinen und Motoren baute. Dort hatte ich Gelegenheit, in regelmäßigem Turnus die einzelnen Abteilungen intensiv kennen zu lernen und selbst tüchtig zuzugreifen, so daß ich durch eigene Erfahrung bald wußte, worauf es ankam. Für den zukünftigen Hochschüler halte ich es für weniger wichtig, die einzelnen Handfertigkeiten bis zu einem gewissen Grade sich anzueignen, als vor allen Dingen am eigenen Leibe zu erfahren, in welcher Zeit eine Arbeit zu bewältigen ist und wie sie zu beurteilen ist. Auch soll man vor keiner noch so mühseligen Arbeit zurückschrecken und selbst auch z. B. im Dampfkessel den Kesselstein abklopfen oder Kohlen schippen und die Feuerung bedienen.

Wie lange die praktische Zeit vor dem Studium anzusetzen ist, muß rein individuell behandelt werden, der eine eignet sich je nach dem praktischen Blick und Auffassung in kurzer Zeit bedeutend mehr Erfahrungen an, als der andere in längerer praktischer Tätigkeit.

Für recht zweckmäßig sehe ich es an, während der ersten großen Ferien noch weiter praktisch auf Montagen tätig zu sein und in verschiedenen Fabriken Maschinen oder Anlagen in Betrieb zu nehmen. Während der letzten Semester ist eine Ferientätigkeit auf einem Konstruktionsbureau von Vorteil.

91. Meine eigne praktische Ausbildung begann vor den Fachstudien mit einer einjährigen Tätigkeit in einer kleinen Maschinenfabrik, wo ich Schlosserei, Schmiede, Dreherei und Hoblerei, Tischlerei und Montage, leider nicht Gießerei, kennen lernte. Nach dem Vorexamen war ich 2 Monate in einer Spinnereimaschinenfabrik tätig, wo ich in Montage und Organisation Einblick erhielt. Nach dem Diplom-Examen war ich 2 Monate praktisch in einer Kammgarnspinnerei und später noch 6 Wochen in einer Baumwollspinnerei tätig, wo ich mir die Bedienung der Spezialmaschinen aneignete und durch die leitenden Beamten in die Verwaltung eingeführt wurde. — Ich halte im allgemeinen meinen Ausbildungsgang für richtig.

II. Gruppe:
Fakultäten, bei denen für die Abschlussprüfung eine praktische Werkstattausbildung nicht verlangt wird.

a) *Bauingenieure.*

Zu Frage I: Halten Sie für Bauingenieure eine praktische Ausbildung für wünschenswert?

12 Stimmen sind für eine praktische Ausbildung,
2 Stimmen halten eine praktische Ausbildung nicht für erforderlich.

Zu Frage II: Ist die Zeit — ein Jahr — ausreichend?

10 Stimmen halten ein Jahr Praxis für ausreichend,
1 Stimme hält ½ Jahr Praxis für ausreichend,
1 Stimme ist für 6—9 Monate Praxis,
1 Stimme ist für 1½ Jahr,
1 Stimmenthaltung.

Zu Frage III: a) Wie soll das praktische Jahr verteilt sein? b) Wie soll während dieses Jahres die Ausbildung vor sich gehen?

Es wird fast allseitig darauf Wert gelegt, daß die praktische Ausbildung sowohl im Büro wie in der Werkstatt, beziehungsweise auf Bauten, die für Bauingenieure in Betracht kommen, stattfindet.

Zu Frage IV: Wann soll die praktische Tätigkeit erfolgen?

1 Stimme ist für: vor dem Studium,
4 Stimmen sind für: während dem Studium,
8 Stimmen sind für: geteilte praktische Ausbildung,
1 Stimmenthaltung.

Zu Frage V: Was halten Sie vom Besuch einer Fortbildungs- oder Werkschule?

9 Stimmen halten den Besuch einer Fortbildungsschule nicht für erforderlich,

2 Stimmen halten einen Besuch einer Fortbildungsschule dann für nicht unzweckmäßig, wenn die praktische Ausbildung vor dem Studium stattfindet.
3 Stimmenthaltungen.

Zu Frage VI: Ist Zahlung an oder durch die Firma, bei der die Ausbildung vor sich geht, wünschenswert?

3 Stimmen sprechen sich aus für eine Zahlung an die Firma,
4 Stimmen sind für Zahlung durch die Firma,
4 Stimmen sind für keinerlei Zahlung,
3 Stimmenthaltungen.

Zu Frage VII: Ist Ausbildung im Großbetrieb oder im mittleren *Betrieb oder im kleinen Betrieb wünschenswert?*

6 Stimmen für Großbetrieb,
2 Stimmen für mittleren Betrieb,
3 Stimmen für kleinen Betrieb,
3 Stimmenthaltungen.

Zu Frage VIII: Welche Erfahrungen haben Sie mit der praktischen Ausbildung gemacht?

Nachstehend werden einige Äußerungen veröffentlicht, die sich auf Erfahrungen beziehen, die Bauingenieure mit ihrer praktischen Ausbildung gemacht haben.

37. Einige Zeit vor dem Studium vielleicht Werkstättenkenntnis, nicht nur praktisch, sondern sehen, sehen und nochmals sehen. Da dem Anfänger und später dem Studenten das Wesentliche noch nicht bekannt ist, zumal er gar nicht weiß, an welche Stelle das Schicksal ihn später verschlägt, so muß er zum Sehen angeleitet werden. Ein erfahrener Ingenieur muß wöchentlich 2—3 mal dem jungen Mann herumführen, ihn darauf hinweisen, wo etwas Wichtiges vor sich geht und was dazu gehört bis in die Einzelheiten.

128. Ich bedauere nicht, eine sonst nur dem Maschinenbau *eigne Ausbildung genossen zu haben.* Man kann als Bauingenieur den *Ausbildungsanfang* der Maschinenbauer sehr gut gebrauchen, wenn man Eisenkonstruktionen entwerfen oder montieren soll. Ich habe große Vorteile dadurch gehabt.

Durch die Kieler Praxis habe ich gelernt, beim Projektieren und Ausführen von Bauten vorhandene Verhältnisse zu berücksichtigen. Die Hochschulprojekte wurden dadurch für mich lebendiger. Ich behandelte sie nicht nur als Konstruktionen, sondern als Bauwerke mit wirtschaftlichen, verkehrstechnischen usw. Rücksichten unter Beachtung der Bauausführung. Solche Zwangspunkte von Projekten lernt man durch eine selbst sehr kurze Baupraxis schnell erfassen.

Ich halte das Fehlen einer praktischen Arbeit für Bauingenieure als großen Mangel. Da beim Bauingenieur die verschiedenen Handwerke nur selten so wie im Maschinenbau vereinigt sind, kommt mir scheints in erster Linie eine Baustellenpraxis in Frage. Vor dem Studium sollten die Verbände der verschiedenen vorkommenden Materialien, die wichtigsten Arbeitsvorgänge und Baumaschinen wenigstens aus der Anschauung bekannt sein. In dieser Hinsicht geht nach meiner Überzeugung die Hochschule von viel zu großen Voraussetzungen aus. Die Qualen bei dem ersten simplen Dachbinder zeigen das. Der kritisch angeregte Student sollte dann aber auch noch Gelegenheit haben, mit geschärftem Auge in vorher Verborgenes bezw. nicht Verstandenes tiefer einzudringen. Dem Studenten gegenüber ist Arbeitgeber und Arbeiter unbefangener. Ich halte das zur Beurteilung von Arbeiter und Arbeitsqualität für wichtig.

75. Früher Schiffbaustudierender, habe ich auf einer Werft gearbeitet und zwar gegen 400 M. Entschädigung auf das Jahr. Später genügten 250 M., die im Voraus für die ersten 6 Monate gezahlt worden waren. — Man bemühte sich hier gar nicht um uns, steckte uns auf den Schnürboden und damit Basta! Es war nur den Verwegensten unter uns möglich, in einzelne Werkstätten zu gehen und sich etwas anzusehen, da diese Räume durch sackgrobe Meister ängstlich vor uns gehütet wurden. Die Meister, denen wir übergeben wurden, wußten durchweg kaum, was aus uns mal werden würde. Sie verwandten uns gern zu recht untergeordneten Arbeiten, wir kamen in Trägerkolonnen usw. Es fehlte eben eine Persönlichkeit, der unsere Ausbildung in die Hände gelegt war, die nach uns hätte sehen müssen.

Zum Schluß möchte ich nochmals der Einführung der praktischen Arbeitszeit für Bauingenieure das Wort reden. Ich selbst habe Leute, die zehn Semester hinter sich hatten, auf einer Exkursion über die pneumatische Nietung staunen sehen, die Herren hatten bis dahin so etwas überhaupt noch nicht gesehen. —

Ferner müßten die 1½ Jahre für Bauingenieure natürlich zweckentsprechend eingestellt werden, je nachdem der Betreffende, was sich ja nach bestandenem Vorexamen bald entscheidet, sich speziell dem Wasserbau und Städtebau, oder Eisenbahn- und Eisenhoch- und Brückenbau zu widmen gedenkt. Ganz besonders ist aber für beide Teile auf eine genügende praktische Tätigkeit im Maschinenbau (besonders Werkzeug und Lasthebemaschinen) Wert zu legen. Daran hapert's bei unseren Bauingenieuren meines Erachtens auch heute noch fast durchweg sehr, da eben die paar Kollegs und der eine Entwurf auf der Hochschule das Verständnis allein noch nicht bringen können. Es fehlt die Anschauung.

45. Ich selbst habe als Bauingenieur während meines Studiums eine praktische Tätigkeit im Sinne dieser Umfrage nicht ausgeübt. Ich habe lediglich in den Hochschulferien nach dem 6. Semester einen Monat auf der Baustelle einer eisernen Verladebrücke praktisch gearbeitet. In diesem einen Monat konnte ich erkennen, wie nutzbringend selbst eine so kurze Zeit sein kann, wenn man Augen und Ohren offen hält. Überhaupt möchte ich nicht vergessen, an dieser Stelle nochmals zu betonen, daß es in der Hauptsache darauf ankommt, zu *sehen und zu hören. Das aber kann derjenige,* der der Praxis ein wirkliches Interesse entgegenbringt, an jedem Orte und zu jeder Zeit tun. Und weil das eben möglich ist, weil man auch während des eigentlichen Studiums an der Hochschule so reichlich Gelegenheit hat, die Praxis kennen zu lernen, möchte ich zum Schluß meiner Meinung Ausdruck geben, daß ich für so grundlegend, wie es oft behauptet wird, die Frage der praktischen Tätigkeit durchaus nicht ansehen kann. Sie kann uns nur manches während des Studiums oder in der allerersten Zeit der späteren Praxis erleichtern. Einen wesentlichen Einfluß auf die Praxis überhaupt kann sie nicht ausüben, da die Erfahrungen und Kenntnisse der ersten Jahre der eigentlichen Praxis selbstverständlich diejenigen des praktisch arbeitenden Studierenden überwiegen werden. Und wer sich nicht auch ohne vorbereitende Praxis in sein Studium und in seine Berufspraxis hineinfinden kann, der ist eben zum Ingenieur nicht geboren.

124. Während des Hochschulstudiums habe ich den Mangel praktischer Ausbildung hinderlich empfunden. Erst nach Ablauf meiner Studienzeit war ich ein halbes Jahr in einer größeren rheinischen Brückenbauanstalt als Volontär tätig. Der Besuch der Werkstatt wurde mir, wegen der Haftpflicht des Unternehmens bei Unfällen sehr erschwert, so daß mir offiziell nur in den Arbeitspausen der Zutritt gestattet war. (!) Dagegen wurde ich reichlich zur Anfertigung von Werkzeichnungen ausgenutzt. Weitere Gelegenheit zur praktischen Betätigung in der Werkstatt war mir nie gegeben, was ich während meiner achtjährigen konstruktiven Tätigkeit oft als Mangel empfunden habe.

b) Architekten.

Von Architekten liegen im ganzen 5 beantwortete Fragebogen vor.

Zu Frage I: Halten Sie für Architekten eine praktische Ausbildung für wünschenswert?

3 Stimmen sind für praktische Ausbildung,
2 Stimmen äußern sich nicht.

Zu Frage II: Ist die Zeit — ein Jahr ausreichend?

4 Stimmen halten ein Jahr für ausreichend,
1 Stimme hält ½ Jahr für ausreichend.

Zu Frage III: a) Wie soll das praktische Jahr verteilt sein? b) Wie soll während dieses Jahres die Ausbildung vor sich gehen?

Es wird Wert darauf gelegt, daß die praktische Ausbildung teils im Büro und teils auf dem Bau ausgeübt wird.

In eingehender Weise wird von einer Seite über die Frage der Art der Ausbildung Stellung genommen. Die Ausführungen lauten:

29. Die Tätigkeit der Praxis des Hochbaus zerfällt in zwei getrennte Gebiete, die Entwurftätigkeit und die Ausführung. Für ersteres Gebiet scheint eine praktische Ausbildung nicht nötig, um so mehr als der Stundenplan der Hochschule jetzt in einem größeren Maße den modernen Anforderungen gerecht wird.

Für diese Fachrichtung kann einzig und allein nur ein Studium alter klassischer und guter Bauwerke sowie eine möglichst eingehende und umfassende Kenntnis moderner Anlagen gewünscht werden. Diese Kenntnisse bieten sich nur auf umfangreichen Studienreisen, deren Vornahme nicht nachdrücklich genug empfohlen werden kann. Es unternimmt daher auch jetzt schon jede Hochschule alljährlich solche Reisen. Derartige Reisen sollten von den Studierenden möglichst alljährlich gemacht werden. Es bleibt also noch die praktische Tätigkeit während der Bauausführung zu erörtern.

Gewöhnlich zieht sich die Vollendung eines Bauwerkes, von ganz großen Bauten abgesehen, auf den Zeitraum eines Jahres hinaus.

Es wäre nun zwecklos, den Studierenden für diese ganze Dauer an ein einziges Objekt zu fesseln. Es wäre vielmehr angebracht, wenn dem Studierenden Gelegenheit gegeben würde, mehrere Objekte, noch dazu in verschiedenen Stadien kennen zu lernen. Hierzu wäre es vielleicht am praktischsten, dem Studierenden am Beginn des Studiums 2—3 Bauten zu bezeichnen, auf denen er durch tägliches intensives Zusehen und gelegentliches Mitarbeiten genügend Material findet, um die Arbeiten des Rohbaues kennen zu lernen.

Der zweite Abschnitt seiner praktischen Ausbildung im nächsten Jahre wäre vielleicht für ein Studium der Eisenbahnbauweise und schwierigeren Fundierungs- und Eisenkonstruktion zu empfehlen, da hier schon nach 4 Semestern bei den Studierenden ein hinreichendes Verständnis für das, was er vor sich sieht, vorauszusetzen ist.

Der dritte Teil der praktischen Ausbildung wäre dann vor allem den Arbeiten des inneren Ausbaus gewidmet. Hierbei muß vor allem ein intensiver Besuch auch der Werkstätten der einzelnen Handwerker gefordert werden, um so Kenntnisse der einzelnen Materialien und ihrer Verwendbarkeit sammeln zu können. Hand in Hand damit ist natürlich das Fortschreiten mehrerer Bauten im Stadium des inneren Ausbaues unter sachkundiger Leitung dringend zu empfehlen. Hierbei ist auch die kunstgewerbliche Seite des Berufs nicht zu vernachlässigen.

Zu Frage IV: Wann soll die praktische Tätigkeit erfolgen?

1 Stimme ist für: vor dem Studium,
3 Stimmen sind für: während dem Studium,
1 Stimme: keine besondere Äußerung.

Zu Frage V: Was halten Sie vom Besuch einer Fortbildungs- oder Werkschule?

2 Stimmen sind gegen Besuch einer Fortbildungsschule,
2 Stimmen sind für Besuch einer Baugewerkschule,
1 Stimme ohne besondere Äußerung.

Zu Frage VI: Ist Bezahlung an oder durch die Firma, bei der die Ausbildung vor sich geht, erwünscht?

4 Stimmen sind für Bezahlung durch die Firma,
1 Stimme ist für Bezahlung an die Firma.

Nachstehend eine Äußerung eines Architekten, der zu der Frage IV etwas ausführlicher Stellung nimmt:

125. Eine Bezahlung ist meines Erachtens besser, da der Praktikant dadurch die Pflicht zu arbeiten hat. Wenn er den Willen zur Arbeit hat, dann sieht man ihm sein Anfängertum nach und ist bestrebt, ihm weiter zu helfen; ist er aber ein Faulenzer, dann wird ihm mit vollem Recht gekündigt und er lernt ein wenig den Ernst des Lebens kennen. Und das ist gut so, denn Männer der Technik und besonders Akademiker müssen den ganzen Mann stellen, wenn sie sich die Position erringen wollen, die ihnen zusteht. Volontärspielereien haben selten Wert gehabt.

Zu Frage VII: Ist Ausbildung im Großbetrieb oder im mittleren oder im kleinen Betrieb wünschenswert?

Diese Frage spielt für Architekten *nicht* die *Rolle* wie für Maschineningenieure u. a.

Zu Frage VIII: Welche Erfahrungen haben Sie mit der praktischen Ausbildung gemacht?

Es mögen hier die nachfolgenden Äußerungen Platz finden:

39. Ich habe praktisch gearbeitet als Maurer. War am Neubau einer Hochschule beschäftigt, sah die Steinhauerarbeiten usw. Man gewinnt einen Überblick auf die verschiedenen Arbeiten, lernt die Kniffe der Arbeiter kennen usw.

29. Ich habe meine praktische Ausbildung an einem Königl. Regierungsneubau nach 2 Semestern Hochschulstudium erhalten. Die Zeit von 3 Monaten war für das Studium der Rohbauarbeiten völlig ausreichend und hätte bei intensiver Anleitung noch erfolgreicher sein können. Ich war dort Volontär und konnte tun und lassen, was mir beliebte. Dies war ein Fehler, als eine straffere Leitung es mir ermöglicht hätte, noch mehr zu sehen. Die Tätigkeit im Büro und im Baubüro bei der Vergebung und der geschäftsmäßigen Kontrolle der Arbeiten entzog sich meiner Kenntnis, so daß ich meine Arbeiten vollauf den Arbeiten auf dem Büro selbst widmen konnte. Hierbei können sehr wohl auch durch *Unterhaltung mit älteren Arbeitern*, Vorarbeitern und Leuten, die aus dem *Arbeiterstande hervorgegangen* sind, wertvolle Aufklärungen über Arbeitswesen und Einrichtungen gewonnen werden. Besonders kann auch die Tätigkeit des einzelnen Arbeiters, seiner Arbeitsmethode, durch gelegentliches Probieren — was jeder gern gestattet — und seiner *Leistungsfähigkeit* hierbei genaue Aufmerksamkeit geschenkt werden. Auch der Verkehr und Umgang mit Handwerkern und Arbeitern kann hierbei als Muster für spätere eigene Arbeit sehr wohl beachtet werden. Wertvoll erscheint mir bei solcher Tätigkeit, wie ich sie hatte, daß ich jedes mich interessierende Objekt sofort an Ort und Stelle abzeichnete und in seinen Maßen festlegen konnte. Dies ist für das spätere Entwerfen vor großer Wichtigkeit.

Zusammenfassend will ich noch einmal bemerken, daß ich eine geteilte praktische Ausbildungszeit von ca. 9 Monaten für völlig ausreichend halte. Etwaige Lücken wird dann die Tätigkeit in der Anfangsstellung bald beseitigen.

c) Chemiker.

Von Chemikern liegen nur zwei beantwortete Fragebogen vor.

Die Frage 1: „Ob für Chemiker eine praktische Werkstattausbildung für erforderlich gehalten wird“ bejaht der eine Chemiker, während sie der andere verneint.

Mit Ausnahme der Frage IV: „Wann soll die praktische Tätigkeit erfolgen?“ wird zu den übrigen Fragen keinerlei besondere Stellung genommen; zu dieser äußert sich der Chemiker, der für eine praktische Werkstattausbildung ist, wie folgt:

Beim Chemiker fallen bereits praktisches Arbeiten und Hochschulunterricht ohne weiteres zusammen. Die meist sehr langwierige, natürlich auch wieder völlig praktische Doktor-Arbeit läßt schließlich dieses Studium in der Regel ohnehin bis ins 5. Jahr hinein dauern. An die Stelle der praktischen Ausbildung der Maschinen-Ingenieure tritt für den Chemiker die Spezialisierung und zwar kann er erst nach abgeschlossenem Studium wählen zwischen Laboratoriumspraxis und Betriebstätigkeit. Für die Laboratoriumspraxis hat er bereits das nötige Rüstzeug, so daß ihm die jeweilige Spezialisierung während der Praxis möglich ist.

Die Betriebspraxis stellt je nach dem Spezialfache verschiedene Anforderungen, aber nur für wenige hat man Spezialschulen mit kleinen Versuchsbetrieben, z. B. Textilschule Mühlhausen, Färberschule Krefeld. Sonst aber dürfte auch heute noch zumeist der Weg zum Betrieb durch das jeweilige Laboratorium des Werkes führen; denn immer noch fallen für den Chemiker Berufstätigkeit und Spezialisierung zusammen. Da, wo man am meisten lernen könnte, in unseren chemischen Großbetrieben, ist Geheimhaltung der Arbeitsweisen erstes Prinzip und daher die Annahme von Praktikanten ausgeschlossen. Führt doch für den vertragsmäßig angestellten Chemiker dort erst durch eine 1—2 Jahre dauernde Erprobungszeit der Weg in das eigentliche von der Fabrik zugewiesene Arbeitsgebiet.

Amerikanische Universitäten sollen Versuchsfabriken für Studierende haben. Derartige kleine Betriebe aber von Fachleuten, d. h. langjährigen Fabrikspraktikern geleitet, in denen gewisse fabrikatorische Arbeiten unter Berücksichtigung von Ausbeute und Rentabilitätsrechnungen ausgeführt werden könnten, wären vielleicht an den Hochschulen von Nutzen.

III. Statistische Gesamtergebnisse der Rundfrage

(ausschließlich der Antworten von Bezirksvereinen).

Zusammenstellung.

Zu Frage I.	Anzahl	%
1. *Für Bauing., Arch. und Chemiker wird ein Praktizieren für erforderlich gehalten*	23	16
2. Für die gen. Fakultäten wird ein Praktizieren nicht für erforderlich gehalten	7	5
3. Für Bauingenieure und Architekten wird ein Praktizieren für erforderlich gehalten	30	21,5
4. Für Architekten — Praxis	1	0,5
5. Für Chemiker —Praxis	1	0,5
6. Für Bauingenieure — Praxis	7	5
7. Für Verwaltungs-Ingenieure wird Praktizieren ausdrücklich für notwendig gehalten	2	1,5
8. Für alle technischen Berufe, mit Ausnahme der Architekten, wird ein Praktizieren für notwendig gehalten	2	1,5
9. Praxis für Bauingenieure wird nicht für erforderlich gehalten	2	1,5
10. Zu der Frage wird keine besondere Stellung genommen, da die Beantworter meistens Maschinenbauer und Elektrotechniker sind	66	47
	141	100

Zu Frage II.	Anzahl	%
1. Für ausreichend wird ein Jahr Praxis gehalten	111	78
2. Für kürzere Praxis sprechen	4	3
3. Es empfehlen eine längere Praxis als ein Jahr (darunter für 2 Jahre: 2 Stimmen, für 1½ Jahr: 3, für mindestens 1 Jahr: 3)	11	8
4. Obligatorisch wünschen ein Jahr, empfehlen aber außerdem Ferien-Praxis	11	8

5.	Für Architekten wird ein Jahr für zu lang gehalten	2	3
6.	Für Bauingenieure wird ½ Jahr als obligatorisch empfohlen	2	1,5
		141	100

Zu Frage IV.

		Anzahl	%
1.	Vor dem Studium ungeteilt	43	30
2.	Nach dem 2. Studienjahr ungeteilt	4	3
3.	Zwei Mal 2 Monate in den Ferien und dann 6 Monate ungeteilt nach dem Vorexamen	3	2
4.	9 Monate vor dem Studium; dann 3 Monate während des Studiums	1	1
5.	½ Jahr vor dem Studium, ½ Jahr nach dem Vorexamen (aber vor dem techn. Studium)	3	2
6.	1 Jahr vor dem Studium und nach dem Vorexamen 3 Monate (Montage und Büro)	2	1
7.	½ Jahr nach dem Vorexamen; ½ Jahr nach dem Hauptexamen	4	3
8.	½ Jahr vor dem Studium, ½ Jahr in den Ferien	63	44
9.	Keine bindenden Vorschriften wünschen	3	2
10.	Nur Ferien-Praxis (hierunter je 1 Arch. und Bauing.)	5	4
11.	Vor, während und nach dem Studium	1	1
12.	Keine besondere Stellung nehmen ein	9	7
		141	100

Zu Frage V.

1.	Gegen einen Besuch von Werk- und Fortbildungsschulen sprechen	89	63
2.	Besuch solcher Schulen empfehlen	37	26
3.	Keine besondere Stellung nehmen	15	11
		141	*100*

Zu Frage VI.

Es empfehlen:

1.	Zahlung an die Firma	55	39
2.	Zahlung durch die Firma	38	27
3.	Keinerlei Zahlung	34	24
4.	Es nehmen keine Stellung	14	10
		141	100

Zu Frage VII.

Es empfehlen:	Anzahl	%
1. Praxis im Großbetrieb	48	34
2. Praxis im Kleinbetrieb	46	33
3. Die eine Hälfte der Praxis im Kleinbetrieb, die die zweite Hälfte im Großbetrieb	26	18
4. Keine ausgesprochene Stellung nehmen ein	21	15
	141	100

IV. Aeusserungen von Bezirksvereinen des Verbandes Deutscher Diplom-Ingenieure.

1. Bezirksverein Bremen des Verbandes Deutscher Diplom-Ingenieure.

Zu Frage II: Ein Jahr muß ausreichend sein.

Zu Frage III: *Es soll auf die technischen Hochschulen eingewirkt* werden, daß der Nachweis bestimmter Arbeitstätigkeiten erbracht wird. Diese sollen sich dann wieder mit der Großindustrie in Verbindung setzen und anfragen, wieviel jeder Betrieb Volontäre aufnehmen kann oder will und ob sie die Grundsätze, nach welchen die Ausbildung erfolgen soll, anerkennen. Für den Schiffbauingenieur wird vorgeschlagen:

½ Jahr vor dem Studium und ca. 2 Monate Schnürboden, 2 Monate Zulage und Neubau, 1 Monat Schiffsschmiede und 1 Monat Schiffsschlosserei. ½ Jahr während dem Studium auf Zulage und Neubau. Statt einem Teil des zweiten halben Jahres oder besser noch außerdem empfiehlt sich eine Fahrt als Maschinenassistent, um den Bordbetrieb kennen zu lernen.

Sehr zu empfehlen ist auch eine Zeit Bureautätigkeit vor oder im Anfang des Studiums.

Zu Frage IV: Mindestens ½ Jahr vor dem Studium.

Zu Frage V: Besuch einer Fortbildungsschule ist in der heutigen Gestalt keineswegs zweckmäßig.

Zu Frage VI: Bezahlung durch die Firmen, wenn auch nur wenig, ist in moralischer Hinsicht zu empfehlen.

Zu Frage VII: Die Meinungen waren *völlig geteilt; mittleren* Betrieben wurde der Vorzug gegeben.

2. Bezirksverein Breslau des Verbandes Deutscher Diplom-Ingenieure.

Zu Frage I: Betr. Notwendigkeit der praktischen Ausbildung von

a) Architekten: Hier liegen darüber keine Erfahrungen vor.

b) *Bauingenieuren: Wird höchstens bei Ingenieuren des Eisenhochbaues als nötig befunden.*

c) *Chemikern: Nicht unbedingt erforderlich.*

Zu Frage II: 1 Jahr ist ausreichend.

Zu Frage III: Die beim Unterricht im Konstruieren usw. an der technischen Hochschule gesammelten Erfahrungen drängen zu dem Schlusse, daß sich die Frage der Verteilung nur mit der Frage 4 zusammen lösen läßt:

Zu Frage IV: a) Eine praktische Tätigkeit vor dem Studium ist dringend zu empfehlen, aber nur in Verbindung mit einem Unterricht über: Wesen und Arbeitsweise der Werkzeugmaschinen, soweit es zur Bedienung der Maschinen nötig ist, über allgemeine Organisation der Fabrik und der Werkstätte, über Maschinenzeichnen. Der Unterricht zu den Arbeiten an der Maschine gehört in eine Lehrwerkstätte. Der Unterricht in der Lehrwerkstätte ist auf mindestens ¼ Jahr auszudehnen. Erst nach Absolvierung der Lehrwerkstätte wird der Schüler in die Werkstätten der Fabrik eingestellt. Es folgen aufeinander ein Monat Tischlerei, ein Monat Gießerei, ein Monat Dreherei. Während des Studiums und zwar möglichst in den ersten Jahren desselben sind weiter zu absolvieren ein Monat Schmiede, ein Monat Kessel- oder Gefäßebau, ein Monat *nochmals Dreherei und Fräserei.* Die letzten drei Monate müßten ausschließlich der Montage und Adjustierung gewidmet sein. Zu erwägen wäre, ob das erste dreiviertel Jahr nicht zusammenhängend absolviert werden könnte und zwar vom 1. April bis 1. Dezember unter der Voraussetzung, daß während dieser Zeit durch geeignete Lehrer, vielleicht mit Unterstützung seitens der Technischen Hochschulen und der Höheren Maschinenbauschulen, die Kenntnisse im Maschinenzeichnen, Elementen der darstellenden Geometrie, Elementen der mechanischen Technologie soweit gefördert werden, daß die

Technische Hochschule für die Studierenden des ersten Jahres auf die Monate November und Dezember verzichten können. Der theoretische Unterricht während der praktischen Arbeit ist auf ein oder zwei Tage der Woche zu konzentrieren, an denen dann nicht in den Werkstätten gearbeitet wird. Sollte dies im Interesse der Werkstätte nicht möglich sein, so ist der Unterricht wochenweise zu konzentrieren, am besten in der Weise, daß jeder neuen Beschäftigung eine ein- bis zweiwöchentliche Unterrichtung vorausgeht.

Der praktischen Arbeit im Montieren und Adjustieren muß ein ausreichender Unterricht in Konstruktion und Wirkungsweise der Maschinen an der Technischen Hochschule vorangegangen sein.

Zu Frage V. Diese Frage ist beantwortet in Frage 4. Der Besuch der Fortbildungsschule oder Werkschule empfiehlt sich nicht, da diese Schulen anderen Zwecken dienen und nicht so rasch fortschreiten dürfen, als es bei uns unbedingt notwendig ist.

Zu Frage VI. Wir verwerfen sowohl eine Zahlung an die Firma als auch eine Bezahlung durch die Firma. Anzustreben ist nämlich die Zuweisung der Schüler an die Firmen durch die Ingenieurverbände unter möglichster Berücksichtigung der Schüler und der Firmen, jedoch ohne daß die Verbände an die Erfüllung dieser Wünsche gebunden wären. Die Schüler müßten deshalb während der praktischen Arbeitszeit einem Ausschuß dieser Verbände unterstellt sein und von diesem auf Auftrag der Firma gemaßregelt werden können bis zur Ungültigkeitserklärung eines Teiles der praktischen Arbeitszeit.

Zu Frage VII. Maßgebend ist nicht die Größe des Betriebes, sondern die Notwendigkeit, kennen zu lernen, was man in den einzelnen Werkstätten herstellen kann und wie es hergestellt wird. Eine große Anzahl von Abteilungen wird nur absolviert werden können, wenn ausreichender Unterricht (siehe Frage 4) Hand in Hand mit der praktischen Arbeit geht. Ohne diesen Unterricht ist es besser, die Zahl der Abteilungen zu beschränken.

3. Bezirksverein Bochum des Verbandes Deutscher Diplom-Ingenieure.

Zu Frage I. Die Frage I wurde dahin beantwortet, daß im wesentlichen für Architekten und Bauingenieure das praktische Jahr überflüssig sei, jedenfalls sei eine innerhalb des Studiums liegende Ferienarbeit genügend. Bezüglich der Chemiker wurde das Bedürfnis verneint, weil schon auf der Hochschule die Tätigkeit im Laboratorium der praktischen Tätigkeit des Chemikers sehr nahe kommt.

Zu Frage II. Es wurde ein Jahr für ausreichend angesehen und betont, daß man gegen eine Erweiterung in Rücksicht auf die damit bedingte Verlängerung des Studiums anzukämpfen habe.

Zu Frage III. Die praktische Tätigkeit soll am besten zum Teil vorher, zum Teil während des Studiums erfolgen und zwar sollte der Eleve sich unter allen Umständen der Arbeitszeit fügen und besonders bemüht sein, auch die sozialen Anschauungen der Arbeiter kennen zu lernen.

Zu Frage IV. Die Frage IV ist schon durch die Beantwortung der Frage III erledigt.

Zu Frage V. Es ist sehr wünschenswert, sich während der praktischen Tätigkeit im Zeichnen fortzubilden. Fortbildungsschulen und Werkschulen erscheinen aber dafür nicht geeignet. Es erscheint aber wünschenswert, daß beispielsweise selbstgefertigte Skizzen aus der Praxis mitgebracht werden.

Zu Frage VI. Als wünschenswert wurde eine wenn auch geringe Bezahlung des Eleven bezeichnet, aber unter der Voraussetzung, daß damit eine vielseitige Ausbildung gewährleistet wird. Jedenfalls liegen hier die Verhältnisse im einzelnen grundverschieden.

Zu Frage VII. Als wünschenswert wurde bezeichnet, daß der Eleve möglichst viel Abteilungen kennen lernen solle, wenn dies nicht möglich sei, doch wenigstens mehrere Abteilungen.

4. Bezirksverein Danzig des Verbandes Deutscher Diplom-Ingenieure.

Zusammenstellung der beim Bezirksverein Danzig eingegangenen Antworten auf den Fragebogen des Verbandes Deutscher Diplom-Ingenieure betreffend praktische Tätigkeit Studierender der technischen Berufe.

Zu Frage I: Eine praktische Ausbildung der Architekten und Bauingenieure wird von der Mehrzahl für wünschenswert gehalten; über ihre Zweckmäßigkeit für Chemiker liegt kein Urteil vor.

Zu Frage II: Ein Jahr wird mit Ausnahme von zwei Mitgliedern, die mindestens zwei Jahre fordern, von allen für ausreichend gehalten, wenn es gut ausgenutzt wird.

Zu Frage III: In dem praktischen Jahr soll in allen zugehörigen Betriebszweigen gearbeitet werden; eine Anleitung durch den Betriebsingenieur ist sehr wünschenswert, ebenso ein Einblick in die Organisation des Fabrikbetriebes, Akkordwesen u. ä.

Zu Frage IV: Von allen Schiffbauern wird die Teilung des Jahres — ½ Jahr vor dem Studium, ½ in den Ferien — befürwortet, da die Kenntnisse aus Praxis und Hochschule auf diese Weise sich gegenseitig unterstützen. Durch den Besuch der Werkstätten in den Ferien wird der Praktikant über die neuen Arbeitsmethoden auf dem laufenden erhalten und er lernt Neuerungen kennen, die es vor seinem Studium noch nicht gab.

Die übrigen, meist Maschinenbauer, wünschen ungeteiltes Jahr, entweder vor dem Studium oder während der Ferien.

Zu Frage V: Ausbildung im technischen Zeichnen und in der darstellenden Geometrie wird von der Mehrzahl für wünschenswert gehalten; einige legen Wert auf Unterricht durch akademisch gebildete Lehrer. Andererseits wird darauf hingewiesen, daß die meisten höheren Schulen Gelegenheit geben, sich mit darstellender Geometrie zu beschäftigen.

Zu Frage VI: Eine Zahlung von Lohn an den Praktikanten wird zur Anregung der Arbeitsfreudigkeit von der Mehrzahl empfohlen. Einige halten eine Entschädigung der Firma bzw. des ausbildenden Arbeiters für zweckmäßig. Einen Ausweg bietet die Zahlung einer Entschädigung an die Firma und von Lohn an den Praktikanten.

Zu Frage VII: Bei ungeteilter Ausbildungszeit ist ein Groß- oder Mittelbetrieb aufzusuchen, der eher das Kennenlernen neuer Arbeitsmethoden ermöglicht und der vielseitiger ist. Von geteilter Zeit würde die erste Hälfte im Klein-, der Rest im größeren Betriebe zuzubringen sein.

5. Bezirksverein Düsseldorf des Verbandes Deutscher Diplom-Ingenieure.

Die praktische Ausbildung im Betriebe einer Maschinenfabrik, in einem Bauhandwerke, im Berg- oder Hüttenbetrieb war früher für die Studierenden der betreffenden Fachrichtungen ein unveräußerlicher Bestandteil der Berufsausbildung. Ohne die dem Studium vorhergegangene Erlernung des handwerksmäßigen Teiles des betreffenden Faches war es nicht möglich, den Weg in den Beruf zu finden und in ihm erfolgreich tätig zu sein. Dies gilt heute noch uneingeschränkt für alle Studierenden technischer Fachschulen (Höhere Maschinenbauschulen, Baugewerkschulen, Techniken).

Für die Studierenden der Technischen Hochschulen hat sich dieser ursprüngliche Wert der praktischen Ausbildung etwas geändert. Die Technischen Hochschulen sind in die Reihe der höchsten wissenschaftlichen Bildungsanstalten eingerückt, die Allgemeinbildung der Studierenden ist denen der Universitäten gleich, die einzelnen Studiengebiete haben sich bedeutend erweitert und vertieft. Außerdem ist die Bedeutung der Ingenieurwissenschaften für unser gesamtes Kulturleben gewachsen und ständig im Wachsen begriffen. Daraus folgt eine größere Anwartschaft der graduierten Ingenieure auf selbständige und leitende Stellen im öffentlichen und privaten Verwaltungs- und Wirtschaftsleben.

Für den Studierenden der Technischen Hochschule ist hiernach die ursprüngliche Bedeutung der praktischen Tätigkeit, die Erwerbung handwerksmäßiger Fertigkeiten, nicht mehr ganz zutreffend. Dagegen ist die andere Seite der praktischen Tätigkeit, Gewinnung eines Einblicks in die Betriebshandhabung und Betriebseinrichtung, in Arbeitsmethoden und Herstellungsverfahren und nicht zuletzt in soziale Verhältnisse des Arbeiters von grundlegender Bedeutung. Ein Verzicht auf diese Ausbildungsgelegenheit würde den Diplom-Ingenieur nicht nur in seiner Berufsausübung schädigen, sondern ihn auch gewisser Qualitäten berauben, die ihn gerade für leitende Stellen im öffentlichen Dienst, der privaten Wirtschaft und im politischen Leben geeignet erscheinen lassen. Die praktische Ausbildung ist also ein Privilegium des Diplom-Ingenieurs, das ihn vor allen anderen akademischen Berufen auszeichnet.

Danach ergibt sich die Beantwortung der Fragen:

Zu Frage I: Für alle Abteilungen.

Zu Frage II: Ein Jahr ist ausreichend.

Zu Frage IIIa: Das ist Sache der einzelnen Person, auch ist dies bei der Vielgestaltung des akademisch technischen Berufes nicht genau festzulegen. Außerdem dürfte auch in diesem Punkte die akademische Lernfreiheit nicht beschränkt werden. Das praktische Jahr muß nur zu einer recht umfassenden Ausbildung Gelegenheit bieten.

Zu Frage IIIb: Wie unter a.

Zu Frage IV: Wie unter IIIa und b.

Zu Frage V: Wenn sich hierzu Gelegenheit bietet, so wird auch diese Ausbildung als zweckmäßig erachtet.

Zu Frage VI: Hierüber sind die Ansichten sehr verschieden. In der Regel wird sich der Praktikant den Bedingungen des Werkes fügen müssen.

Zu Frage VII: Für den zukünftigen Diplom-Ingenieur ist die Ausbildung in größeren Betrieben zweckmäßiger.

6. Bezirksverein Duisburg des Verbandes Deutscher Diplom-Ingenieure.

Zu Frage I: Da keine Architekten anwesend, kommt keine Diskussion in Frage.

Ein praktisches Jahr für Bauingenieure wird als wünschenswert betrachtet.

Für Chemiker ist ein praktisches Jahr nicht notwendig.

Zu Frage II: *Ein Jahr ist bei richtiger Ausnutzung vollständig genügend.*

Zu Frage III: Die beste Einteilung ist: Vor Beginn des Hochschulstudiums ein halbes Jahr praktisches Arbeiten in der Werkstatt als Vorbereitung für die Elemente des Maschinenbaues und zur Schärfung des praktisches Sinnes und Erlernung der Handhabung der grundlegenden Handwerkszeuge und Arbeitsmaschinen. Das zweite Halbjahr ist am besten vor dem Schlußexamen, d. h. nach dem Vorexamen einzuschalten, um das in der Werkstatt Erlernte draußen auf der M o n t a g e in seinem Gesamtaufbau und im Betriebe kennen zu lernen.

Zu Frage V: Die Notwendigkeit des Besuches einer Fortbildungs- oder Werkschule wird unbedingt verneint, da die Hochschule selbst genügend Gelegenheit gibt zum Erlernen des Zeichnens. Außerdem ist es jedenfalls unserem Ansehen nicht förderlich, wenn unser Nachwuchs in diesen Schulen Zeichnen lernen müßte.

Zu Frage VI: Wenn der Praktikant als Lehrling arbeitet, hat er ein Recht auf Bezahlung; zu einer Entfernung desselben bei guter Führung und Fleiß hat eine Firma doch keinen Grund. Eine Zahlung an die Firma sollte auf keinen Fall erfolgen, schon mit Rücksicht auf minderbemittelte Kollegen. Es wird aber auch in diesem Falle das *Anhalten des Praktikanten* zu reger Arbeit schwer fallen, da sich derselbe auf sein bezahltes Geld stützen wird.

Zu Frage VII: Eine Ausbildung in kleineren aber gut eingerichteten Betrieben halten wir für vorteilhaft; veraltete unmoderne Betriebe sollten vermieden werden.

7. Bezirksverein Frakfurt a. M. des Verbandes Deutscher Diplom-Ingenieure.

Zu Frage II: Da sich ein Widerspruch grundsätzlicher Art nicht gegen 1 Jahr erhebt, kann man annehmen, daß man im allgemeinen ein Jahr als Norm annimmt. Von einigen Mitgliedern wird darauf aufmerksam gemacht, daß im Grunde genommen niemals eine rechte Einheitlichkeit in dieser Frage wünschenswert sei, weil die Begabung der einzelnen sehr verschieden sei: der eine neige mehr zur Theorie, der andere mehr zur Praxis. Von einer Seite besonders wird geltend gemacht, daß hervorragend praktisch veranlagten Studierenden oder solchen, die von Haus aus bereits große praktische Kenntnisse besitzen, auch weniger praktische Ausbildungszeit erlaubt werden könnte. Die Schwierigkeit besteht bloß darin, wer das mitgebrachte Maß an praktischen Kenntnissen beurteilen soll.

Zusammenfassung: im allgemeinen kein Widerspruch gegen 1 Jahr praktischer Ausbildungszeit.

Zu Frage IIIa: Die anfänglich mehrfach vertretene Ansicht, das erste Jahr Praxis vor das Studium zu legen, verschob sich im Laufe der Erörterung immer mehr nach der Richtung, daß man schließlich mehr einer Verteilung das Wort redete. Die Frage der Verteilung oder Nichtverteilung hängt eng mit der Frage zusammen: wann beginnen die Hochschulen ihr Semester. In Norddeutschland beginnen sie im Herbst, obgleich das Schuljahr fast durchweg Ostern schließt. Arbeitet der Abiturient länger als ½ Jahr, so gelingt es ihm wegen der ganzen Organisation der Hochschulen kaum, in einen regelrechten Lehrgang der Hochschulen hineinzukommen. Er setzt sonst sicherlich ein Semester zu. Daher empfiehlt es sich aus diesem Grunde, nur ½ Jahr vor dem Studium zu arbeiten. Würden sich die Hochschulen ihre Lehrgänge von Halbjahr zu Halbjahr einrichten, so würde der Etat sehr anschwellen. Das erlauben aber die Finanzen der einzelnen Bundesstaaten nicht.

Für Süddeutschland würde dieser Grund wegfallen, da das Schuljahr, wie auch das Hochschuljahr mit dem Herbst beginnt. Andererseits sind es auch rein sachliche Gründe, die uns veranlassen, für eine Teilung einzutreten. Eine längere Praxis geschlossen hintereinander scheint uns den praktischen Bildungsgang nicht so zu befruchten, wie das bei einer Teilung geschieht. Es ist sehr empfehlenswert, den Ausbildungsgang zunächst vielleicht in zwei Hauptteile zu zergliedern, den allgemeinen handwerksmäßigen Ausbildungsgang und den technologischen sowie Ausbildung in der Montage bezw. in allen Spezialgebieten (Versuchsstation, Prüffeld, Wickelei). Der allgemeine handwerksmäßige Ausbildungsgang kann in ½ Jahr erledigt werden. Dann folgt die Studienzeit, vielleicht bis zur Vorprüfung. Vielleicht bereits in den vorherliegenden großen Ferien oder nach der Vorprüfung ist mit der praktischen Tätigkeit fortzufahren. Vorschriften, wann die praktische Tätigkeit fortzusetzen ist, lassen sich jedoch nicht aufstellen, das kann in den Ferien geschehen oder dann nach dem Studium.

Von einer Seite wurde besonders geltend gemacht, daß es unbedingt *sehr wünschenswert sei, auch die großen Ferien zu praktischer Tätigkeit zu benutzen.* Kein anderer Beruf hätte eine solche Zeitverschwendung aufzuweisen, wie sie sonst seitens der Hochschule mit den großen Ferien getrieben würde. Man könnte diese Zeit sehr gut durch praktische Tätigkeit ausfüllen. Als solche praktische Tätigkeit könnte auch eine Ausbildung als Maschinist oder Heizer in einer Zentrale oder auf dem Schiffe angesehen werden. Vor allem sollte man möglichst wenig Vorschriften machen, sondern die Regelung dieser Angelegenheit hinsichtlich Zeit und Ausführung individuell jedem selbst überlassen.

Demgegenüber wurde geltend gemacht, daß wohl die meisten Studierenden in den Ferien militärische Uebungen zu erledigen hätten. Auch sei es ein Unding, z. B. gleichzeitig praktisch arbeiten und sich auf ein Examen vorbereiten zu wollen. Für die praktische Tätigkeit während derartig zugeschnittener Ferien käme nichts heraus.

Mehere Redner traten nachhaltigst dafür ein, daß die angehenden Ingenieure gerade die großen Ferien mehr zur Vervollkommnung ihrer allgemeinen Bildung benutzen möchten.

Leider gäbe der Ingenieurstand, verglichen mit anderen Berufen, *viel zu wenig auf eine allgemeine Bildung und würde wirtschaftlich dadurch benachteiligt.* — Auch das Gedeihen der Körperkraft und der Gesundheit solle in den Ferien gepflegt werden. Eine Ansicht ging dahin, sich überhaupt vielleicht mit weniger praktischer Ausbildung der Handfertigkeit zu begnügen, z. B. bloß ein halbes Jahr. Dann solle der Studierende sein Abschluß-Examen machen, sodann das zweite halbe Jahr als Probeingenieur — wenn man den Ausdruck Probekandidat in Vergleich stellen darf — in einer Fabrik unter Umständen auch ohne Gehalt tätig sein.

Zusammenfassung zu Frage IIIa:

Wir sind der Ansicht, daß sich eine Teilung der praktischen Arbeitszeit empfiehlt mit Rücksicht auf eine gediegene Ausbildung des zukünftigen Ingenieurs, und zwar soll die erste Hälfte vor dem Studium liegen.

Ob sich diese Teilung praktisch durchführen läßt, wird von den Studienplänen der Hochschulen, bezw. Mittelschulen abhängig sein. Zurzeit scheinen die Verhältnisse in Norddeutschland anders zu liegen als in Süddeutschland. Es wäre im Interesse einer guten Ausbildung des Ingenieurs anzustreben, daß die Hochschulen darauf Rücksicht nehmen.

Zu Frage IIIb: Allgemeine Vorschriften werden nicht gewünscht. Unter Bezugnahme der unter IIIa geäußerten Wünsche betreffs der Haupteinteilung in eine allgemeine handwerksmäßige Ausbildung und in eine technologische (Montage, Spezialgebiete, Prüffeld) solle man den zur Ausbildung berufenen Firmen die Einteilung der praktischen Ausbildung selbst überlassen. Ein allgemeines Reglementieren verspreche wenig Nutzen.

Zu Frage V. Im allgemeinen schloß man sich dem Gedanken, daß der zukünftige Ingenieur in einer Fortbildungsschule im Zeichnen unterrichtet werden solle, nicht an. Der sonstige Unterricht einer Fortbildungsschule könne nur dann befruchtend wirken, wenn diese Schule etwas tauge und der Ausbildungsgang auch dem Bildungsgrade der Praktikanten angepaßt sei.

An und für sich könne ein Unterricht namentlich im darstellenden oder grundlegenden Zeichnen besonders solchen jungen Leuten, die auf der Mittelschule keinen derartigen Unterricht genossen hätten, nicht schaden.

Von einer Seite wird das Lesen diesbezüglicher Bücher empfohlen, jedoch wurde auch darauf aufmerksam gemacht, daß es nur sehr wenige empfehlenswerte Bücher hier gäbe.

Wo Werkschulen vorhanden seien, wäre gegen den Besuch solcher Schulen nichts einzuwenden, falls der Praktikant da wirklich etwas lernen könne. Jedoch solle man sich hüten, den jungen Mann zu sehr zu belasten. Eine volkswirtschaftliche Ausbildung in einer Fortbildungsschule oder dergleichen sei nicht nötig; denn das könne später die Hochschule weit besser besorgen. Die tägliche Arbeitszeit solle auch nicht zu hoch bemessen werden, damit noch Zeit übrig bleibe, sich algemein weiterzubilden.

Sehr zu wünschen sei es jedoch, daß die Ausbildung in der Werkstatt von einem seitens der Firma beauftragten Ingenieur besorgt würde, an den sich in allen einschlägigen Fragen der Praktikant zu wenden hätte. Man solle auch diesem Ingenieur von dem zu zahlenden Lehrgelde einen Teil zukommen lassen, um ihn so an der Sache zu interessieren.

Zusammenfassung zu Frage V:

Die Fortbildungsschule ist nur von Fall zu Fall zu benutzen. Vorkenntnisse im Zeichnen sind wünschenswert. Der Praktikant ist nicht zu überlasten und soll von einem Ausbildungsingenieur angeleitet werden.

Zu Frage VI. Ein Lehrgeld in angemessenen Grenzen ist wünschenswert. Da das Studium ohnehin schon teuer ist, setze man eine nicht allzu hohe Summe fest. Man beteilige auch den ausbildenden Ingenieur daran. Vielleicht kann dem Praktikanten mit fortgeschritteneren Leistungen während seiner Ausbildungszeit als Ansporn eine kleine Vergütung gezahlt werden.

Zu Frage VII. Auf die Größe der Fabrik kommt es nicht an, sondern darauf, daß dem Lernenden etwas Gediegenes in der betreffenden Werkstatt geboten werden kann.

8. Bezirksverein Köln des Verbandes Deutscher Diplom-Ingenieure.

Zu Frage I. Für Maschineningenieure, Schiffbauer, Elektrotechniker, Berg- und Hütteningenieure halten wir eine praktische Ausbildung für unbedingt, für Architekten, Bauingenieure und Chemiker dagegen nicht für unbedingt erforderlich.

Zu Frage II. Da bei der langen Dauer des Studiums längere Zeit nicht mehr frei ist, halten wir ein Jahr praktischer Tätigkeit für notwendig.

Zu Frage III und IV. Die praktische Tätigkeit wird nach unserer Ansicht am besten so verteilt, daß sie ½ Jahr vor und ½ Jahr während des Studiums abgeleistet wird. Im ersten Halbjahr soll Modellschreinerei, Gießerei, Schmiede und mechanische Werkstätten, im zweiten Montage und Fabrikbetrieb drangenommen werden.

Zu Frage V. Den Besuch einer Fortbildungsschule während der Tätigkeit empfehlen wir nicht.

Zu Frage VI. Was die Zahlung anbelangt, so halten wir es für das beste, wenn weder die Firma an den Praktikanten, noch letzterer an die Firma etwas bezahlt. Im ersteren Falle könnte der Praktikant ausgenutzt werden, und daher einseitig ausgebildet werden, im anderen Falle wieder die so wie so schon hohen Kosten der Ausbildung vermehrt werden.

Zu Frage VII. Eine mittlere Firma halten wir am geeignetsten, da hier der Praktikant leichter eine Uebersicht bekommt und seine Vorgesetzten sich mehr um ihn bekümmern können.

9. Bezirksverein Mainz-Wiesbaden des Verbandes Deutscher Diplom-Ingenieure.

a) Beantwortung des Fragebogens für **Architekten.**

Zu Frage I. Die Forderung eines praktischen Jahres für Architekten dürfte vielleicht weniger im Interesse des einzelnen gelegen sein, für den sie neben unleugbaren Vorteilen immerhin eine Verlängerung seiner Studienzeit bedeuten kann, als vielmehr für das Ansehen des gesamten Standes von Bedeutung sein, da so der junge Diplom-Ingenieur bei seinem endgültigen Eintritt in die Praxis deren Anforderungen eher gewachsen ist.

Zu Frage II. ½ Jahr oder allenfalls 2- bis 3malige 8 Wochen während der Ferien dürften genügen.

Zu Frage III. Nach Wunsch des Studierenden zusammenhängend oder in Abschnitten von mindestens 8wöchentlicher Dauer auf die Ferien verteilt.

Zu Frage IV. Wenn zusammenhängend, wäre die praktische Arbeit in die Zeit nach der Vorprüfung oder, wenn geteilt, in die Ferien während der ganzen Hochschulzeit zu verlegen.

Zu Frage V. Hat geringen Wert.

Zu Frage VI. Eine Bezahlung an die Firma soll nicht erfolgen, eine Bezahlung der Firma an den Studierenden kann nach deren Ermessen erfolgen.

Zu Frage VII. Für Architekten ziemlich belanglos.

b) Beantwortung des Fragebogens für **Bauingenieure.**

Zu Frage I. Auch für Bauingenieure ist eine praktische Ausbildung wünschenswert.

Zu Frage II. Die praktische Ausbildung soll mindestens ½ Jahr dauern, jedoch soll hierdurch keine Verlängerung des 9semestrigen Hochschulstudiums bedingt sein, d. h. die Ausbildung soll während der Ferien erfolgen können.

Zu Frage III. Die praktische Ausbildung wird zweckmäßig schon mit Rücksicht auf das unter II Gesagte in getrennten Zeitabschnitten erfolgen, wodurch es auch leicht möglich wird, in verschiedene Geschäftszweige Einsicht zu gewinnen. Dabei bleibt es dem Einzelnen unbenommen, falls er seine Hochschulferien für Reisen u. dgl. verwenden will, die geforderte praktische Tätigkeit zusammenhängend auszuüben, wodurch er freiwillig seine gesamte Studienzeit verlängert.

Eine Vorschrift über den Gang der praktischen Ausbildung kann nicht gegeben werden da diese zu sehr von den jeweiligen Verhältnissen und den Möglichkeiten abhängig ist. Daß eine möglichst vielseitige Ausbildung angestrebt werden soll, ist selbstverständlich.

Zu Frage IV. Die praktische Ausbildung soll vor Beendigung des Hochschulstudiums erfolgen und zwar, wie bereits unter II und III erwähnt, nach Möglichkeit getrennt.

Zu Frage V. Die Ausbildung im technischen Zeichnen und in den technischen Fächern an Fortbildungsschulen oder Werkschulen zu erlangen, halten wir für verfehlt.

Zu Frage VI. Eine Bezahlung an die Firma soll nicht stattfinden. Eine feste Bezahlung durch die Firma ist nicht erwünscht, da hierdurch zu leicht eine Ausnutzung als Hilfskraft eintreten kann, jedoch wird eine Entschädigung des Praktikanten nach Beendigung seiner Ausbildungszeit entsprechend seinen Leistungen stets sehr willkommen sein.

Zu Frage VII. Diese Frage wird bereits durch Frage III beantwortet.

c) Beantwortung des Fragebogens für **Maschineningenieure.**

Zu Frage II. Ein Jahr ist ausreichend.

Zu Frage IIIa. 9 Monate zur Erlernung der Arbeitsvorgänge; 3 Monate zur Einsicht in die Verwaltung, Organisation und Lohn- und Akkordwesen.

Zu Frage IIIb. In der unter IIIa angeführten Reihenfolge.

Zu Frage IV. *Geteilt, aber mindestens 6 Monate* v o r *dem Studium.*

Zu Frage V. Fertigkeit im technischen Zeichnen ist sehr erwünscht; ob eine Fortbildungsschule oder Werkschule für einen angehenden Diplom-Ingenieur der geeignete Ort zu solchen Übungen ist, möchte ich sehr in Frage stellen.

Zu Frage VI. Wünschenswert ist vor allem, daß der Praktikant tüchtig herangeholt wird und keine Sondervergünstigungen genießt; ob e r bezahlt oder die Firma bezw. der Betrieb, scheint mir von weniger großer Bedeutung, da Verträge die beiderseitigen Wünsche und Bedingungen regeln können.

Zu Frage VII. Darüber ist schwer zu urteilen. Im allgemeinen wird nach meinem Dafürhalten ein Ingenieur, dem im späteren Leben große Betriebe und Verwaltungen unterstellt sind, lieber in einem Großbetrieb sein praktisches Jahr abgedient haben, während ein Ingenieur, der später nur reine Ingenieurarbeit zu leisten hat, wohl einen kleinen Betrieb vorziehen könnte.

FSC
www.fsc.org
MIX
Papier | Fördert gute Waldnutzung
FSC® C083411

Zeitfracht Medien GmbH
Ferdinand-Jühlke-Straße 7
99095 Erfurt, Deutschland
produktsicherheit@kolibri360.de